ÉTUDES

D'OPTIQUE GÉOMÉTRIQUE

DIOPTRES, SYSTÈMES CENTRÉS,

LENTILLES, INSTRUMENTS D'OPTIQUE

PAR

C.-M. GARIEL

MEMBRE DE L'ACADÉMIE DE MÉDECINE
INGÉNIEUR EN CHEF DES PONTS ET CHAUSSÉES
PROFESSEUR A LA FACULTÉ DE MÉDECINE ET A L'ÉCOLE DES PONTS ET CHAUSSÉES

PARIS

LIBRAIRIE NONY ET Cie

17, RUE DES ÉCOLES, 17

ÉTUDES

D'OPTIQUE GÉOMÉTRIQUE

———

ÉLÉMENTS DE PHYSIQUE MÉDICALE

(En collaboration avec V. Desplats)

2ᵉ édition. — Paris, 1884.

1 vol. in-8°, avec figures dans le texte.

Librairie Savy.

———

TRAITÉ PRATIQUE D'ÉLECTRICITÉ

COMPRENANT LES APPLICATIONS AUX SCIENCES ET A L'INDUSTRIE

Paris, 1884-1886.

2 vol. in-8°, avec figures dans le texte.

Librairie Doin.

———

PHYSIQUE

Cet ouvrage, qui est le résumé des leçons faites à l'année préparatoire de l'École des Ponts et Chaussées, comprend l'indication de toutes les questions dont la connaissance est nécessaire aux Ingénieurs.

Paris, 1887.

2 vol. in-8°, avec figures dans le texte.

Librairie Baudry.

———

ÉTUDES

D'OPTIQUE GÉOMÉTRIQUE

DIOPTRES, SYSTÈMES CENTRÉS,

LENTILLES, INSTRUMENTS D'OPTIQUE

PAR

C.-M. GARIEL

MEMBRE DE L'ACADÉMIE DE MÉDECINE

INGÉNIEUR EN CHEF DES PONTS ET CHAUSSÉES

PROFESSEUR A LA FACULTÉ DE MÉDECINE ET A L'ÉCOLE DES PONTS ET CHAUSSÉES

———

PARIS

LIBRAIRIE NONY ET Cie

17, RUE DES ÉCOLES, 17

——

1889

PRÉFACE

——

Il y a vingt ans environ, M. le professeur Gavarret faisait paraître, dans un intéressant ouvrage : *les Images par réflexion et par réfraction*, le texte des leçons dans lesquelles il avait exposé à la Faculté de médecine les questions d'optique géométrique relatives aux surfaces courbes. Dans ce livre, M. Gavarret utilisait les plans et les points cardinaux découverts par Gauss et qui n'avaient guère été signalés en France que dans quelques mémoires peu répandus. La netteté de l'exposition, la clarté des déductions, la simplicité des résultats expliquent le succès de cet ouvrage, dont l'édition fut promptement épuisée, et qui n'a pas été réédité.

Les méthodes étudiées par M. Gavarret ont été acceptées, mais non peut-être aussi généralement qu'elles le méritaient. On les trouve bien indiquées dans un certain nombre de traités de physique, mais elles n'y sont pas développées complètement; il n'existe pas en France, à notre connaissance au moins, d'ouvrages généraux ou spéciaux qui les exposent d'une manière assez étendue pour permettre de les apprécier.

Depuis un certain nombre d'années, dans des conditions très variées, nous avons appliqué ces méthodes et nous sommes convaincu qu'elles peuvent rendre de réels services dans l'enseignement d'abord et même dans l'étude des conditions expérimentales de l'emploi des lentilles, de la vision et des instruments d'optique. C'est cette conviction qui nous a décidé à publier ces *Études d'optique géométrique* pour lesquelles nous avons utilisé entre autres l'ouvrage de M. Gavarret, les travaux de MM. Monoyer et Guébhard et nos recherches personnelles.

Nous avons cherché à étudier les questions dans un ordre rationnel et d'une manière absolument méthodique; sauf un chapitre spécial, dont la lecture n'est point nécessaire, comme nous allons l'expliquer, les démonstrations n'exigent que les connaissances de géométrie les plus élémentaires, la similitude des triangles et les définitions trigonométriques du sinus et de la tangente.

Le chapitre I traite des *dioptres*; on y étudie la réfraction de la lumière en passant d'un milieu à un autre, la surface de séparation des deux milieux étant sphérique. Les éléments cardinaux, *plans focaux*, *plans antiprincipaux*, *plans antinodaux* y sont définis.

Dans le chapitre II, on applique les résultats obtenus à l'étude des *systèmes centrés*, formés par la réunion d'un nombre quelconque de dioptres. Aux éléments cardinaux signalés précédemment viennent s'adjoindre les *plans principaux* et les *points nodaux*.

Quoique les lentilles soient, en réalité, des systèmes centrés, les plus simples, et que leurs propriétés soient définies déjà dans le chapitre II, elles sont d'une telle importance au point de vue des applications qu'elles méritent une étude spéciale qui est faite dans le chapitre III. Bien qu'il soit la continuation naturelle du chapitre précédent, le chapitre III pourrait être étudié immédiatement après le chapitre I.

Les propriétés des dioptrès et des lentilles étant connues, il est possible de commencer l'étude de la vision et des instruments d'optique, qui fait l'objet du chapitre V. Mais avant d'aborder cette question, nous avons voulu montrer comment on peut arriver aux mêmes résultats par une méthode générale entièrement différente de la précédente: le chapitre IV comprend l'étude des dioptres et des systèmes centrés par la *géométrie analytique*. Ce chapitre, au point de vue des résultats, fait double emploi avec l'ensemble des trois premiers chapitres; il est comme ceux-ci, en réalité, mais sous une autre forme, une introduction à l'étude des instruments d'optique; il peut donc absolument être passé à la lecture.

Nous n'avons pas étudié tous les appareils décrits ordinairement sous le nom d'instruments d'optique, mais nous nous sommes borné dans le chapitre V à l'examen de ceux qui ont finalement pour but de modifier directement la grandeur des images rétiniennes des objets que nous regardons. Ils sont étudiés, d'abord, d'une manière générale, puis nous nous occupons spécialement de chacun d'eux; mais, dans tous les cas, nous montrons qu'ils ne peuvent être connus complètement que si on les considère comme formant, pour ainsi dire, un système unique avec l'œil, ce qui justifie les indications, sommaires d'ailleurs, que nous donnons sur la vision.

Bien que le plus souvent les constructions et les discussions soient indiquées géométriquement, nous signalons toutes les formules intéressantes et nous les employons à l'occasion. Pour l'emploi de ces formules et dans un but de simplification, nous avons appliqué d'une manière uniforme une idée qui ne paraît pas encore avoir été admise généralement dans l'étude de l'optique, quoiqu'elle soit acceptée partout ailleurs : c'est qu'à un même signe, + ou —, doit toujours correspondre un même sens. Il suffit d'assister à des examens pour se rendre compte de la difficulté qu'amène, dans l'établissement des formules et dans les discussions, le changement de sens correspondant à une quantité, suivant qu'elle s'applique à un point lumineux ou à son image. A cet égard, convaincu par une expérience déjà longue, nous voudrions faire partager à nos lecteurs notre opinion sur cette modification qui est à peine une innovation, puisque nous n'avons fait qu'appliquer une idée qui est généralement admise dans l'emploi des formules en mathématiques, en mécanique, en physique.

Nous nous sommes efforcé de rendre aussi facile que possible l'étude des questions que nous traitions, en faisant même appel à des dispositions d'ordre matériel que nous croyons commodes. C'est ainsi que nous avons adopté du début jusqu'à la fin un système uniforme de notations, une même lettre représentant toujours le même point ou la même quantité. Dans un tableau spécial à la fin de l'ouvrage, nous avons résumé les notations adoptées.

D'autre part, il est un certain nombre de formules dont on fait fréquemment usage; afin de permettre de les retrouver facilement, nous les avons également réunies en un tableau dans lequel, pour chaque formule, se trouve l'indication du paragraphe où cette formule a été établie.

Pour ne pas fatiguer le lecteur par la répétition des mêmes modes de démonstration, nous n'avons point traité les questions relatives à la réflexion sur les surfaces courbes, quoique les méthodes que nous avons indiquées s'y appliquent aisément. Il est très facile d'étendre aux phénomènes de réflexion les constructions que nous avons indiquées et qui souvent se trouveront simplifiées; on pourrait également déduire les formules de celles que nous avons données en y remplaçant par — 1 l'indice de réfraction k ou, ce qui revient au même, en supposant que $v_2 = -v_1$.

Nous ajouterons qu'il nous paraît nécessaire de ne traiter les questions relatives à la réflexion qu'après celles qui se rapportent à la réfraction. C'est dans ces dernières seulement que l'on peut acquérir des idées générales sur les plans et les points cardinaux, idées générales qui permettent de comprendre le rôle de ces éléments dans la réflexion où ils sont partiellement confondus; il est aisé de passer du cas général au particulier; l'étude en ordre inverse nous paraît beaucoup moins satisfaisante.

On voit par ce qui précède que nous n'avons pas eu la prétention de faire une œuvre d'une grande originalité; nous espérons cependant que, tel qu'il est, ce livre peut rendre quelques services en faisant mieux connaître des méthodes commodes et intéressantes et en aidant à leur propagation; tel a été notre but; nous souhaitons, si nous ne l'avons pas atteint, que notre tentative engage quelque autre, plus habile que nous, à le poursuivre.

Paris, octobre 1888.

C.-M. GARIEL.

ÉTUDES
D'OPTIQUE GÉOMÉTRIQUE

INDICATIONS PRÉLIMINAIRES

1. — Nous admettons connues les lois de la réfraction, à savoir :

1° Le rayon réfracté est dans le plan d'incidence.

2° Pour deux milieux donnés, il existe un rapport constant entre les sinus des angles d'incidence et de réfraction.

Ce rapport est ce qu'on appelle l'*indice de réfraction* du deuxième milieu par rapport au premier. On sait qu'il est égal au rapport de la vitesse de propagation de la lumière dans le premier milieu v_1 à la vitesse de propagation dans le deuxième milieu v_2. On le désigne quelquefois par une seule lettre k et l'on a alors :

$$k = \frac{v_1}{v_2}.$$

Il nous paraît qu'il y a plus d'avantage à conserver les valeurs de v_1 et de v_2 : les formules qui en résultent présentent plus d'homogénéité. Il est, d'ailleurs, toujours aisé de faire la substitution.

Nous admettons également connue la loi de *réversibilité*, qui résulte, d'ailleurs, de la valeur de l'indice de réfraction. Elle consiste en ce que, étant tracée la figure qui indique la marche de la lumière dans deux milieux successifs pour un sens déterminé, la même figure sert sans modification, si l'on admet que la lumière se propage en sens inverse.

Lorsque l'angle d'incidence est petit, on peut, sans erreur sensible au point de vue des conséquences pratiques, remplacer la formule :

$$\frac{\sin i}{\sin r} = \frac{v_1}{v_2}.$$

qui représente la loi de la réfraction par la formule plus simple :

$$\frac{i}{r} = \frac{v_1}{v_2}.$$

II. — Nous ne considérerons comme surfaces réfringentes que des portions de surface sphérique, calottes sphériques de peu d'étendue (fig. 1).

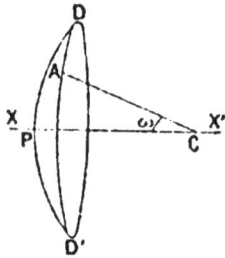

Le plan qui limite la calotte est appelée la *base* de la surface considérée : le centre C de la sphère à laquelle elle appartient est le *centre* de la surface.

La perpendiculaire abaissée du centre sur la base est l'*axe principal* ou simplement l'*axe* de la surface. Le point P où cet axe rencontre la surface est le *pôle* (*).

Fig. 1.

Toute droite passant par le centre est un *axe secondaire*. Au point de vue des propriétés géométriques, un axe secondaire jouit des mêmes propriétés que l'axe principal, puisque l'un et l'autre sont des diamètres d'une même sphère.

Si l'on joint au centre un point A de la circonférence qui limite la surface réfringente considérée, l'angle que cette droite fait avec l'axe principal est ce que l'on appelle l'*amplitude* de la surface. Cette amplitude doit toujours être petite, c'est-à-dire ne pas dé-

---

(*) On dit quelquefois *sommet*, expression mauvaise, *ou centre de figure*, qui peut prêter à une confusion.

passer 6 à 8°, pour que l'on puisse appliquer la loi simplifiée de la réfraction $\dfrac{i}{r} = \dfrac{v_1}{v_2}$.

On appelle *section méridienne* toute section de la surface réfringente et des milieux qu'elle sépare par un plan passant par l'axe principal.

Lorsqu'un rayon incident se trouve dans ce plan, celui-ci est le plan d'incidence et contient aussi le rayon réfracté ; de telle sorte que la figure qui représente la marche de la lumière est plane. Nous ne considérerons que ce cas, et les figures représenteront précisément une section méridienne.

III. — Nous désignerons, avec M. 'Monoyer, sous le nom de *dioptre,* l'ensemble de deux milieux diversement réfringents, séparés par une portion de surface sphérique de peu d'amplitude. Les dénominations indiquées pour la surface réfringente sont applicables au dioptre.

On appelle *système centré* une succession de milieux diversement réfringents, séparés par des surfaces sphériques de peu d'amplitude ayant leurs centres sur une droite perpendiculaire aux bases de ces surfaces ; cette droite est *l'axe* du système centré.

Une ou plusieurs de ces surfaces peuvent être planes.

IV. — Nous considérerons les faisceaux lumineux comme formés par la réunion de rayons lumineux.

Nous nous occuperons seulement des faisceaux *homocentriques,* tels que les rayons qui les constituent ont des directions passant en un même point ; ce point est appelé *centre d'homocentricité* ou, plus souvent, *sommet* du faisceau.

Si le sommet est à l'infini, le faisceau est dit *parallèle* et tous les rayons sont parallèles entre eux ; la *direction* du faisceau est alors celle de l'un quelconque de ses rayons.

Un faisceau est défini complètement par la section suivant laquelle il rencontre une surface quelconque et par la position de son sommet par rapport à cette surface.

Si ce sommet est avant la surface, du coté d'où vient la lumière.

le faisceau est *divergent*. Il est produit par un point lumineux situé à son sommet ou se comporte comme s'il existait effectivement un point lumineux à ce sommet.

Si le sommet est après la surface, du côté où va la lumière, le faisceau est *convergent*. Un faisceau convergent devient nécessairement divergent lorsqu'il se continue au delà de son sommet.

Un faisceau ne peut être naturellement convergent ; cette forme est toujours le résultat de modifications antérieures.

V. — Le sommet d'un faisceau incident est un *point lumineux*, c'est un point lumineux *réel* si le faisceau est divergent, *virtuel* si le faisceau est convergent.

Le sommet d'un faisceau émergent est une *image* ; elle est *réelle* si le faisceau est convergent, *virtuelle* s'il est divergent.

Lorsqu'il se produit des réfractions sur des surfaces successives, entre deux surfaces consécutives, un même faisceau est d'abord émergent, puis incident. Son sommet est une image par rapport à la première de ces surfaces et un point lumineux par rapport à la seconde. Il n'existe aucune relation nécessaire entre la nature (réalité ou virtualité) de ce sommet considéré comme image et celle qu'il possède considéré comme point lumineux.

VI. — Lorsqu'un point est situé sur l'axe d'un dioptre ou d'une surface centrée, sa position est caractérisée par son abscisse par rapport à une *origine* déterminée. Cette abscisse est la distance du point considéré à un point fixe, origine, déterminé à l'avance, distance affectée du signe $+$ ou du signe $-$, suivant que ce point est d'un côté de l'origine, également déterminé, ou du côté opposé.

Le sens choisi pour les abscisses positives est complètement indifférent et les formules générales ne subiraient aucune modification si l'on changeait ce sens.

Il est possible d'adopter des origines différentes pour les divers points à considérer ; cette condition peut amener de grandes simplifications dans les formules ; aussi y aurons-nous souvent recours.

De même, il est possible d'adopter des sens différents pour les abscisses positives de divers points. Cette condition a été souvent employée jusqu'à présent; nous n'en voyons pas l'utilité, car elle ne simplifie en rien les équations et les formules, le signe de quelques termes étant seulement changé; il n'est pas douteux pour nous, par contre, qu'elle ne présente de sérieux inconvénients qu'il est aisé de concevoir. Aussi la rejetons-nous absolument, et, dans tous les cas, nous adopterons pour les signes une convention unique :

Les abscisses sont comptées positivement du côté d'où vient la lumière; elles sont négatives, par conséquent, du côté où va la lumière.

On pourrait, ainsi que nous l'avons dit, adopter la convention contraire et les avantages généraux seraient les mêmes si on l'appliquait à tous les cas. Cependant, ce n'est pas sans raison que nous avons choisi le sens que nous venons d'indiquer : dans l'étude de la vision et dans celle des instruments d'optique, sauf de rares circonstances (œil hypermétrope non ou peu accommodé), tous les points que l'on a à considérer sont situés en avant de l'œil ou de l'instrument, c'est-à-dire du côté d'où vient la lumière; sans que cela soit une difficulté réelle, il y a une certaine gêne à raisonner dans ces importantes applications sur des quantités négatives : il est donc naturel de choisir le sens positif des abscisses, de manière à éviter cet inconvénient.

Toutes les figures sont faites en supposant que la lumière se meut de gauche à droite : le côté des abscisses positives est donc à gauche de l'origine.

Il est bien évident que l'on pourrait faire les figures et les constructions en sens inverse; mais il nous a toujours paru commode de prendre pour sens de la propagation de la lumière le sens même dans lequel, en général au moins, on trace les lignes qui représentent les rayons lumineux.

CHAPITRE PREMIER

ÉTUDE GÉOMÉTRIQUE DES DIOPTRES

---

§ I. — Propriétés générales.

1. *Réfraction d'un rayon. Image d'un point. Formule.* —
Soit DD' (fig. 2), la section faite dans une surface sphérique par

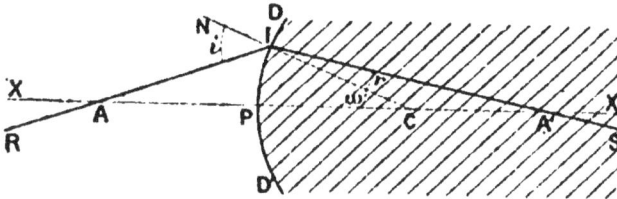

Fig. 2.

un plan passant par l'axe principal XX', et soit C le centre de
cette surface. Les deux milieux qu'elle sépare sont caractérisés
par les vitesses de propagation de la lumière v_1 et v_2, de telle sorte
que $\dfrac{v_1}{v_2} = k$ est l'indice de réfraction du deuxième milieu par
rapport au premier.

Considérons un rayon incident RI dans le premier milieu : il
peut être déterminé par le point d'incidence I, point où il rencontre la surface réfringente, et par le point A, où il coupe l'axe.

Nous allons chercher à déterminer le rayon réfracté dans le second milieu; comme il doit passer par I, il suffira, par exemple, de déterminer le point A', où il coupe l'axe.

Différents cas peuvent se présenter : mais toujours la droite CIN est la normale au point d'incidence : nous la caractériserons par l'angle ω qu'elle forme avec l'axe. De plus i et r étant les angles d'incidence et de réfraction, on aura toujours avec une exactitude suffisante :

$$\frac{i}{r} = \frac{v_1}{v_2} = k.$$

Les divers cas qui peuvent se présenter diffèrent les uns des autres : 1° par les éléments caractérisant le dioptre; 2° par la position du point A.

Examinons les diverses espèces de dioptres qui peuvent se présenter, en donnant à A une position invariable.

I. — Le deuxième milieu est plus réfringent que le premier $(v_1 > v_2)$ et la surface est convexe du côté d'où vient la lumière.

Les triangles ICA et ICA' donnent :

$$\frac{CI}{CA} = \frac{\sin(i-\omega)}{\sin i} \text{ et } \frac{CI}{CA'} = \frac{\sin(\omega-r)}{\sin r},$$

ce que l'on peut écrire, à cause de la petitesse des angles, et en remarquant que $CI = CP$:

$$\frac{CP}{CA} = \frac{i-\omega}{i} \text{ et } \frac{CP}{CA'} = \frac{\omega-r}{r};$$

$$1 - \frac{PC}{CA} = \frac{\omega}{i} \quad \text{et} \quad 1 + \frac{PC}{CA'} = \frac{\omega}{r}.$$

Divisant ces égalités membre à membre :

$$\frac{(CA - PC)AC'}{(PC + CA')CA} = \frac{v_2}{v_1} \quad \text{ou} \quad \frac{AP(PA' - PC)}{PA'(AP + PC)} = \frac{v_2}{v_1}.$$

ce qui peut s'écrire :

$$\frac{v_2(AP + PC)}{AP} = \frac{v_1(PA' - PC)}{PA'}.$$

ou :

$$v_2\left(1 + \frac{PC}{AP}\right) = v_1\left(1 - \frac{PC}{PA'}\right),$$

ce qui donne enfin :

$$\frac{v_1}{PA'} + \frac{v_2}{AP} = \frac{v_1 - v_2}{PC}.$$

Des considérations et des calculs analogues conduisent aux relations suivantes :

II. — Le deuxième milieu étant plus réfringent que le pre-

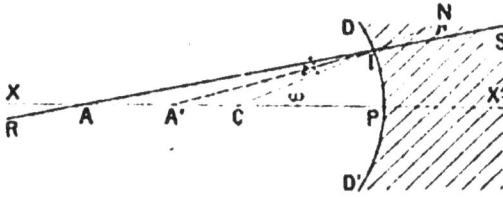

Fig. 3.

mier (fig. 3), mais la surface réfringente étant concave du côté d'où vient la lumière (*) :

$$\frac{v_1}{A'P} - \frac{v_2}{AP} = \frac{v_1 - v_2}{CP};$$

III. — Le deuxième milieu étant moins réfringent que le pre-

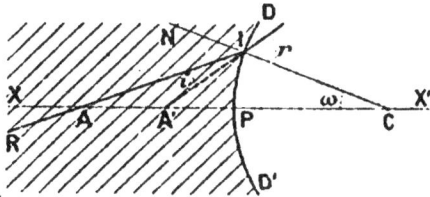

Fig 4.

mier (fig. 4) et la surface étant convexe du côté d'où vient la lumière ($v_1 < v_2$) :

$$\frac{v_1}{A'P} - \frac{v_2}{AP} = \frac{v_2 - v_1}{CP};$$

(*) Dans les diverses figures, les mêmes lettres désignent les mêmes points et les mêmes lignes.

Et IV. — Le deuxième milieu étant moins réfringent que le

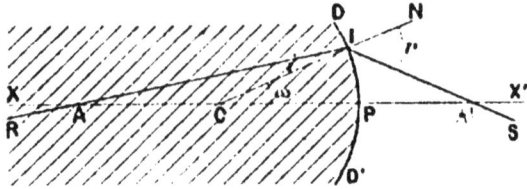

Fig. 5.

premier (fig. 5) et la surface étant concave du côté d'où vient la lumière :

$$\frac{v'_1}{PA'} + \frac{v'_2}{AP} = -\frac{v_2 - v'_1}{CP}.$$

Les points A et A′ pourraient occuper d'autres positions ; on traiterait ces différents cas d'une façon entièrement analogue et l'on obtiendrait des relations qui seraient de même forme, n'en différant que par la disposition des signes.

Il est sans intérêt d'examiner ces divers cas.

2. — Les relations différentes auxquelles on est conduit suivant les divers cas peuvent être remplacées par une formule *générale*. Pour y arriver, nous définirons les points A, A′ et C par leurs distances au point P (abscisses), ces distances étant affectées du signe + dans le sens d'où vient la lumière et du signe — dans le sens contraire. En désignant ces abscisses respectivement par α, α' et γ, on voit que les diverses relations précédentes sont contenues dans la formule :

$$\frac{v_1}{\alpha'} - \frac{v_2}{\alpha} = \frac{v_1 - v_2}{\gamma} \quad \text{ou} \quad \frac{k}{\alpha'} - \frac{1}{\alpha} = \frac{k - 1}{\gamma}. \quad (1)$$

On reconnaîtrait que cette formule s'applique également aux diverses positions que peuvent occuper les points A et A′.

3. — Quelle que soit la formule à laquelle on est conduit, il est à remarquer d'une manière générale que ces équations ne contiennent rien qui caractérise le point d'incidence ; de telle

sorte que, dans chaque cas, le point A étant donné, le point A′ se trouve défini, quel que soit le rayon incident considéré.

Si donc on considère un faisceau homocentrique ayant son sommet en A, composé de rayons passant en ce point, les divers rayons réfractés correspondants iront tous couper l'axe en un même point A′ : le faisceau réfracté sera donc homocentrique (au moins dans les limites d'exactitude que comportent les approximations que nous avons faites).

Le point A′ ainsi déterminé est dit *l'image* de A.

4. — Les positions diverses que peuvent occuper les points A et A′ et, par suite, les signes dont sont affectées leurs abscisses, correspondent à des conditions physiques différentes :

Si A est à gauche de la surface, α étant positif, le faisceau incident est divergent, le sommet A est un point lumineux *réel* ; le faisceau incident est convergent, le point lumineux est *virtuel*, si A est à droite de P, si α est négatif. — Inversement, si A′ est à gauche de la surface, α′ étant positif, le faisceau émergent est divergent, A′ est une image *virtuelle ;* le faisceau émergent est convergent, l'image est *réelle*, si A′ est à droite de P, si α′ est négatif.

5. *Points conjugués.* — Le principe général de la réversibilité de la lumière montre que si l'on supposait la lumière venant en sens contraire, et si l'on considérait A′ comme un point lumineux, sommet d'un faisceau homocentrique, celui-ci serait transformé en un autre faisceau homocentrique qui aurait son sommet en A. Dans ce cas, le point A serait l'image de A′.

Les deux points A et A′, liés entre eux par la condition précédemment indiquée, tels que chacun d'eux peut être considéré comme l'image de l'autre, sont ce que l'on appelle des *points conjugués* (*).

La propriété des points A et A′ d'être conjugués peut se déduire

_____

(*) Nous préférons cette dénomination à celle de *foyers* conjugués, qui entraîne souvent quelque confusion.

de la relation précédemment trouvée; car celle-ci ne change pas si l'on change z en z', v_1 en v_2 et inversement.

6. — Il est intéressant d'étudier les différents cas qui peuvent se présenter pour chaque forme de dioptre, c'est-à-dire de rechercher les positions relatives de A et de A' ou, ce qui revient au même au fond, mais ce qui présente un caractère plus physique, de préciser les modifications de forme, convergence ou divergence, des faisceaux incident et émergent. C'est ce que l'on appelle *discuter le dioptre;* mais, outre que cette discussion est grandement facilitée par la connaissance des plans focaux que nous allons définir, elle ne diffère pas de celle qu'il y a lieu de faire pour des systèmes plus complexes et que nous étudierons spécialement plus tard.

7. *Conservation de l'homocentricité.* — Si, considérant un rayon incident et le rayon réfracté correspondant, nous avions cherché leurs points d'intersection B et B' avec un axe secondaire quelconque, nous fussions arrivé à des résultats identiques, puisque les axes secondaires jouissent des mêmes propriétés géométriques que l'axe principal; à la condition, toutefois, que l'axe secondaire fasse avec l'axe principal un angle assez petit pour que les angles d'incidence et de réfraction qu'il y a à considérer restent également petits.

Donc, un faisceau incident homocentrique est remplacé, après la réfraction, par un faisceau également homocentrique, dont le sommet est sur l'axe secondaire qui passe par le sommet du faisceau incident.

Un point lumineux et son image sont donc toujours sur un même axe, principal ou secondaire.

8. *Image d'une droite.* — Si nous prenons une série de points lumineux, situés sur divers axes à la même distance du centre, leurs images seront toutes aussi à une même distance du centre. Un petit objet lumineux, qui serait un arc de cercle ayant son centre au centre du miroir, aurait donc une image qui serait un arc de cercle concentrique et de même angle.

Ces arcs de cercle étant de faible amplitude (car ils doivent être limités par des axes secondaires faisant de petits angles avec l'axe principal), on peut, avec une erreur qui ne dépasse pas les approximations que nous avons déjà faites, les remplacer par leurs tangentes. Nous pouvons donc dire qu'une petite droite lumineuse, perpendiculaire à l'axe principal, a pour image une droite perpendiculaire à l'axe et limitée aux mêmes axes secondaires.

9. Construction d'un rayon réfracté connaissant deux points conjugués. — Étant donnés un dioptre DPD' de centre C et deux points conjugués A et A', les propriétés précédentes permettent de trouver le rayon réfracté correspondant à un rayon incident quelconque RI, sans avoir à mesurer d'angle, ni à tenir compte de l'indice de réfraction et seulement en joignant des points faciles à déterminer.

1° On peut, par exemple, mener l'axe secondaire quelconque YCY' (fig. 6), qui coupe le rayon incident considéré en B. Joi-

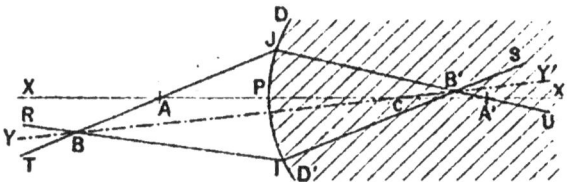

Fig. 6.

gnons BA : les deux rayons RI et BAJ font partie d'un même faisceau incident dont le sommet B est sur YY', le faisceau réfracté aura donc son sommet sur ce même axe. Mais l'un de ces rayons BJ, passant en A, se réfracte en passant par A' il est donc déterminé et le point B', où il coupe l'axe seconda . . . est le sommet du faisceau réfracté. Le rayon . . . été cherché . . . . ient alors en joignant IB';

2° Une droite AE (fig. 7), perpendiculaire à l'axe, a pour image A'E' : soit E le point où AE est rencontrée par le rayon incident considéré RI. Le point E a son image en E' sur l'axe secondaire passant en E. Le rayon incident passant en E, le rayon réfracté correspondant doit passer par son image E'; il est donc complètement déterminé et s'obtient en joignant IE'.

La première construction permet de déterminer autant de

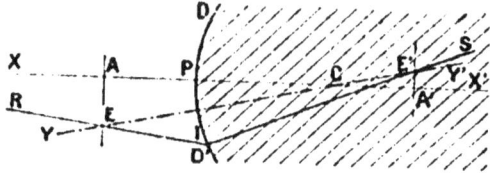

Fig. 7.

points que l'on veut du rayon réfracté en changeant la direction de YY'; en prenant deux directions différentes, on aura deux points du rayon réfracté qu'on pourra tracer ainsi, sans avoir besoin du point I qui peut être en dehors de l'épure.

La deuxième construction ne peut donner qu'un point; mais en la combinant avec la première, on peut également se passer du point d'incidence I.

10. *Détermination du deuxième foyer principal.* — Supposons que le point A, sommet du faisceau incident, s'éloigne de plus en plus vers la gauche, la position de A' tendra vers une limite que l'on peut préciser en donnant à PA la valeur ∞ dans les équations. Le point que l'on obtient ainsi est ce que l'on appelle le *deuxième foyer principal*; il est en réalité le point conjugué de l'infini (*).

Si nous le désignons par F″, les formules que nous avons trouvées donneront :

$$\text{Pour les cas I et II} : \frac{v_1}{PF''} = \frac{v_1 - v_2}{CP} ;$$

$$\text{Pour les cas III et IV} : \frac{v_1}{PF''} = \frac{v_2 - v_1}{CP} .$$

(*) Il y a quelque bizarrerie à débuter par le deuxième foyer; mais ce foyer est certainement celui dont l'idée se présente le plus naturellement, et nous avons voulu conserver la dénomination généralemen adoptée.

— 15 —

On peut aussi déduire de là :

Pour les cas I et II : $\dfrac{v_2}{CF''} = \dfrac{v_1 - v_2}{CP}$;

Pour les cas III et IV : $\dfrac{v_2}{CF''} = \dfrac{v_2 - v_1}{CP}$.

On peut d'ailleurs avoir une formule qui renferme ces divers cas; il suffit de faire $\alpha = \infty$ dans la formule (1). Si on désigne par φ'' l'abscisse du point F'' comptée à partir de P, on a immédiatement :

$$\frac{v_1}{\varphi''} = \frac{v_1 - v_2}{\gamma},$$

d'où :
$$\varphi'' = \frac{v_1}{v_1 - v_2}\,\gamma = \frac{k}{k-1}\,\gamma. \qquad (2)$$

Cette formule permet de reconnaître dans quels cas le faisceau parallèle devient convergent ou divergent après la réfraction.

D'après les remarques faites précédemment, le faisceau émergent est convergent si F'' est à droite de P, si φ'' est négatif : il faut donc que $v_1 - v_2$ et γ soient de signe contraire. Inversement le faisceau émergent est divergent si F'' est à gauche de P, si φ'' est positif; il faut donc que $v_1 - v_2$ et γ soient de même signe.

On a alors les résultats suivants pour les diverses formes de dioptres que nous avons considérées :

I. On a $v_1 > v_2$ et $\gamma < 0$: convergence;
II. On a $v_1 > v_2$ et $\gamma > 0$: divergence;
III. On a $v_1 < v_2$ et $\gamma > 0$: divergence;
IV. On a $v_1 < v_2$ et $\gamma < 0$: convergence.

11. — Il peut être utile de chercher à déterminer le deuxième foyer directement, sans passer par le cas général que nous avons étudié d'abord. Nous nous bornerons à faire le calcul pour le cas I; la méthode serait la même pour les autres cas.

Soient DPD' (fig. 8) la surface réfringente, RI un rayon parallèle à l'axe, I le point d'incidence, IS le rayon réfracté, F" son point d'intersection avec l'axe, qui est le foyer cherché.

Menons la normale CIN; soient i et r les angles d'incidence

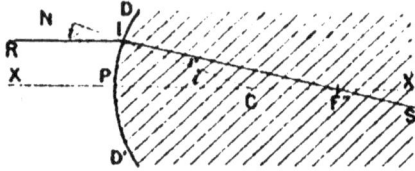

Fig. 8.

et de réfraction : l'angle en C est égal à i. Le triangle CIF" donne immédiatement :

$$\frac{CI}{CF''} = \frac{i-r}{r} \quad \text{ou} \quad \frac{r}{CF''} = \frac{i-r}{CP} ,$$

et, à cause de $CI = CP$ et $\dfrac{i}{r} = \dfrac{v_1}{v_2}$:

$$\frac{v_2}{CF''} = \frac{v_1 - v_2}{CP} ;$$

d'où l'on tire aisément :

$$\frac{v_1}{PF''} = \frac{v_1 - v_2}{CP} ,$$

qui sont bien les valeurs que nous avons trouvées précédemment.

On remarquerait ensuite que, cette valeur étant indépendante de I, le faisceau réfracté est homocentrique, comme pour le cas général.

En réalité, les rayons ne coupent pas tous l'axe en un même point, le faisceau n'est pas rigoureusement homocentrique; c'est là ce qui constitue l'*aberration de sphéricité;* mais l'aberration est négligeable si l'ouverture de la surface réfringente est petite.

12. *Foyers secondaires. Deuxième plan focal.* — Au lieu de considérer l'axe principal, on aurait pu opérer d'une façon ana-

logue en considérant un axe secondaire et des rayons parallèles
à cet axe, puisque, comme nous l'avons dit, les divers diamètres jouissent des mêmes propriétés. Donc, sur un diamètre
X_1X_1' on trouverait un point F_1 où viendraient se réunir, après
la réfraction, tous les rayons qui, à l'incidence, étaient parallèles
à ce diamètre; ce point, sommet du faisceau homocentrique
réfracté succédant à un faisceau parallèle à un axe secondaire,
est un *deuxième foyer secondaire*. Ce foyer secondaire est à la
même distance du centre que le deuxième foyer principal.

Il y a un foyer secondaire sur chaque axe secondaire: le
lieu de ces foyers secondaires est une portion de surface sphérique ayant le point C pour centre : c'est ce qu'on appelle la
deuxième surface focale.

Les axes secondaires que l'on peut considérer doivent faire
de petits angles avec l'axe principal, pour que les angles d'incidence et de réfraction restent petits. Il résulte de là que cette
surface focale a une partie utile de peu d'amplitude; on peut,
sans erreur sensible au point de vue pratique, la remplacer par
son plan tangent en F″. Les erreurs qui résultent de cette
substitution sont du même ordre de grandeur que celles qui
permettent de négliger l'aberration. Le plan ainsi déterminé est
le *deuxième plan focal.*

13. *Construction d'un rayon réfracté connaissant le deuxième
plan focal.* — La considération du second plan focal permet
de résoudre un certain nombre de questions relatives aux
dioptres; elle permet notamment de trouver le rayon réfracté
correspondant à un rayon incident donné, sans avoir à évaluer
d'angle et seulement à l'aide de droites. Il suffit d'appliquer
la méthode que nous avons indiquée précédemment (**9**), en supposant le point A transporté à l'infini et remplaçant le point A′
par le point F″.

1° Soit RI (fig. 9) le rayon incident; menons l'axe secondaire
YCY″, qui le coupe en B; l'image B′ de ce point est sur l'axe
secondaire. Soit la droite TBJ parallèle à l'axe et passant par B;
elle est réfractée en JF″U passant par le second foyer et coupe

l'axe secondaire en B′, qui est le sommet cherché du faisceau réfracté : le rayon cherché IS s'obtient en joignant I à B′.

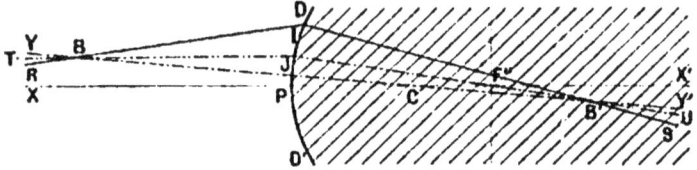

Fig. 9.

2° Soit RI (fig. 10 et 11) un rayon incident quelconque coupant en I la surface réfringente; on peut le considérer comme

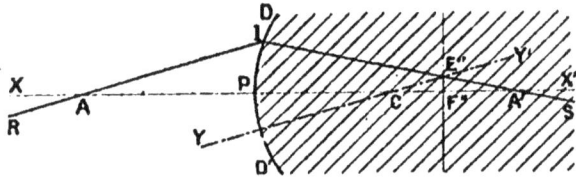

Fig. 10.

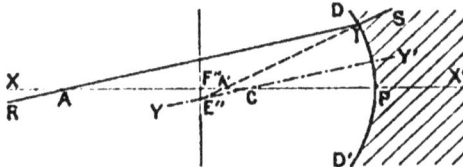

Fig. 11.

faisant partie d'un faisceau parallèle de même direction. Le faisceau réfracté correspondant a son sommet dans le plan focal et sur l'axe secondaire YCY′ parallèle à la direction donnée RI : ce sommet, foyer secondaire, est donc en E″, et le rayon réfracté cherché s'obtient en joignant le point I au point E″.

Ainsi qu'il est facile de le voir, ces constructions s'appliquent sans modification à tous les dioptres.

Ces constructions permettraient de trouver aisément la relation qui existe entre les positions des points A et A', où le rayon incident et le rayon réfracté coupent l'axe, par la considération des triangles semblables AIA' et CE"A'.

Il est inutile d'insister.

14. *Détermination du premier foyer principal et du premier plan focal.* — On peut chercher un point d'incidence qui soit conjugué de l'infini, c'est-à-dire un point tel que le faisceau incident, ayant son sommet en ce point, soit transformé en un faisceau parallèle à l'axe : ce point est ce que l'on appelle le *premier foyer principal.*

On détermine aisément la position de ce foyer F en remarquant qu'il est la limite du point A, lorsque la distance PA' croît indéfiniment. On trouvera donc la position de ce point à l'aide des formules *(1)* dans les différents cas. On a ainsi :

I et III :
$$\frac{v_1}{CF^v} = \frac{v_1 - v_2}{CP} \quad \text{ou} \quad \frac{v_2}{PF^v} = \frac{v_1 - v_2}{CP} \; ;$$

II et IV :
$$\frac{v_1}{CF^v} = -\frac{v_2 - v_1}{CP} \quad \text{ou} \quad \frac{v_2}{PF^v} = \frac{v_2 - v_1}{CP} \; ,$$

On peut réunir tous ces résultats en une seule équation.

Si nous désignons par φ' l'abscisse du premier foyer comptée à partir de P, la formule générale 2 donne immédiatement pour tous les cas :

$$\frac{v_2}{\varphi'} = -\frac{v_1 - v_2}{\gamma} \quad \text{ou} \quad \varphi' = -\frac{v_2}{v_1 - v_2} \gamma = -\frac{1}{k-1} \gamma. \; (3)$$

On pourrait trouver directement la position du premier foyer, à l'aide d'une démonstration analogue à celle que nous avons faite pour le deuxième foyer (**11**).

15. — On comprend, sans qu'il soit nécessaire d'insister, qu'il y a sur chaque axe secondaire un premier foyer secondaire ; ce premier foyer secondaire est tel que, lorsqu'un faisceau incident y a son sommet, il est transformé par la réfraction en un faisceau parallèle à cet axe secondaire.

Enfin, comme précédemment aussi, on est conduit à considérer le lieu de ces foyers secondaires, qui est une portion de sphère, deuxième surface focale, que l'on peut remplacer avec une exactitude suffisante dans la pratique par un plan, le *premier plan focal*.

On peut donc dire que le premier plan focal est le lieu des points tels que, si le sommet d'un faisceau incident coïncide avec l'un d'eux, le faisceau réfracté correspondant est un faisceau parallèle dont la direction est donnée par celle de la droite qui joint le point considéré au centre du dioptre.

Cette propriété est fréquemment utilisée.

Les faisceaux incidents, qui ont leur sommet dans le premier plan focal, sont divergents pour les dioptres I et IV ; ils sont convergents pour les dioptres II et III.

16. *Distances focales des dioptres.* — On appelle première et deuxième distances focales les distances comptées avec leurs signes du premier et du deuxième foyer au pôle du dioptre ; elles sont donc données par les valeurs de φ' et de φ''.

On a immédiatement :

$$\frac{\varphi'}{\varphi''} = -\frac{v_2}{v_1} = -\frac{1}{k}.$$

Le rapport de la première à la deuxième distance focale est égal et de signe contraire à l'inverse de l'indice de réfraction du deuxième milieu par rapport au premier.

17. — On peut arriver à la considération du premier foyer d'une autre manière : ce point serait le sommet du faisceau réfracté correspondant à un faisceau parallèle à l'axe et venant de droite à gauche, en sens contraire de celui que nous avons admis jusqu'à présent. Mais on retombe alors sur les résultats précédents, car, au sens de la lumière près, il y a identité entre les dioptres I et IV d'une part, entre les dioptres II et III d'autre part.

Par conséquent, par exemple, le premier foyer F' du dioptre I (fig. 12) occupera, par rapport à P, la même position que le deuxième foyer F″ du dioptre IV (fig. 15), que l'on a déjà déter-

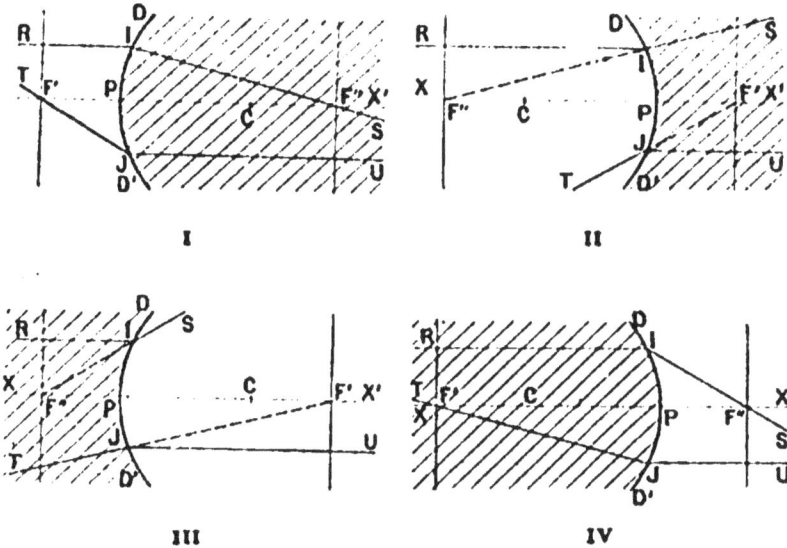

Fig. 12, 13, 14 et 15.

miné (**10**). Il faudra remarquer seulement que le changement de sens entraîne, dans les formules, le changement de v_1 en v_2 et inversement.

18. *De la convergence et de la divergence dans les dioptres.* — Il résulte immédiatement de là que l'on a les résultats suivants pour les diverses formes de dioptres.

Pour avoir un faisceau émergent parallèle dans le deuxième milieu, il faut prendre :

Pour le dioptre I : un faisceau divergent (fig. 11);

      —   II : un faisceau convergent (fig. 12);

      —   III : un faisceau convergent (fig. 13);

      —   IV : un faisceau divergent (fig. 14),

c'est-à-dire qu'il faut que F′ soit un point lumineux réel pour les dioptres I et IV, un point lumineux virtuel pour les dioptres II et III.

On voit, comme conséquence, que les dioptres I et IV ont pour
effet de transformer la lumière parallèle en faisceaux convergents, quel que soit le sens dans lequel se propage la lumière:
pour cette raison, ils sont dits *dioptres convergents*.

Au contraire, les dioptres II et III sont tels qu'ils transforment
en faisceaux divergents les faisceaux parallèles qui les rencontrent, quel que soit le sens de propagation de la lumière : ce sont
des *dioptres divergents*.

19. — Il importe de remarquer que la notion de convergence
et de divergence s'applique spécialement à la transformation des
faisceaux parallèles; on pourrait être conduit à penser par généralisation qu'un dioptre convergent augmente la convergence des
faisceaux déjà convergents à l'incidence ou diminue la divergence
des faisceaux divergents; et inversement pour le dioptre divergent.

Il n'en est rien, ainsi qu'il est facile de le voir.

D'ailleurs, il y a toujours un faisceau dont la convergence ou
la divergence n'est pas changée par le passage à travers un
dioptre : c'est celui dont le sommet est au centre du dioptre,
car tous les rayons qui le constituent sont normaux à la surface réfringente et passent dans le second milieu sans déviation. Ce faisceau est convergent pour les dioptres qui présentent
leur convexité du côté d'où vient la lumière et divergent pour
les dioptres dirigés en sens contraire.

20. — Considérons des faisceaux incidents dont le sommet
soit compris entre le pôle et le centre du dioptre. Par suite de
la réfraction, le sommet du faisceau réfracté sera plus rapproché du centre si le second milieu est plus réfringent que le premier; il sera plus éloigné dans le cas contraire.

I. *Deuxième milieu plus réfringent que le premier* $v_1 > v_2$.

1° DIOPTRE CONVEXE (OU CONVERGENT)

Le faisceau incident, dont le sommet est A (fig. 16), entre P
et C, est convergent; le sommet du faisceau réfracté est en A'

plus près de C ; l'angle de ce faisceau est plus petit que l'angle

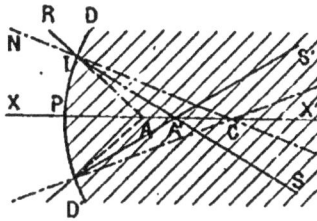

F!g. 16.

du faisceau incident. La convergence a diminué ; on peut dire que le dioptre a produit un effet de divergence relative.

2° DIOPTRE CONCAVE (OU DIVERGENT)

Le faisceau incident est divergent, avec son sommet en A (fig. 17); le faisceau réfracté a son sommet en A' plus près du

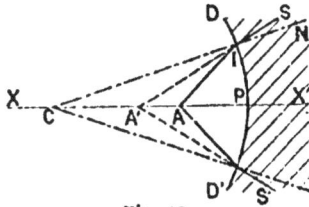

Fig. 17.

centre ; l'angle du faisceau réfracté est plus petit que l'angle du faisceau incident ; le dioptre a produit un effet de convergence relative.

II. *Deuxième milieu moins réfringent que le premier* $v_1 < v_2$.

3° DIOPTRE CONVEXE (OU DIVERGENT)

Le faisceau incident a son sommet en A (fig. 18) entre P et C,

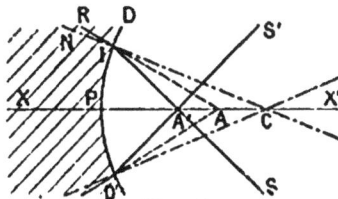

Fig. 18.

il est convergent. Le faisceau réfracté a son sommet en A' plus loin du centre; il est aussi convergent et son angle est plus grand que celui du faisceau incident; le dioptre a produit absolument un effet de convergence.

4° DIOPTRE CONCAVE (OU CONVERGENT)

Le faisceau incident dont le sommet est A (fig. 19) est divergent; le faisceau réfracté est aussi divergent; son sommet A' est plus loin du centre et son angle est plus grand que l'angle du faisceau incident, la divergence a augmenté. Le dioptre a produit un effet de divergence.

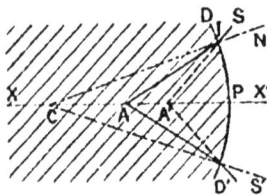

Fig. 19.

Ainsi, dans le cas où le sommet du faisceau incident est entre le pôle et le centre du dioptre, l'effet produit est inverse de celui qui se manifeste lorsque le faisceau est parallèle, effet qui sert généralement à caractériser le dioptre.

Une discussion semblable montre que, dans tous les autres cas, l'effet sur un faisceau incident quelconque est (absolument ou relativement) le même que celui qui se manifeste pour un faisceau incident parallèle.

21. — On peut convenir de considérer des faisceaux qui soient des cônes de révolution et de mesurer leur convergence ou leur divergence par leur angle au sommet, affecté du signe $+$, par exemple, pour la convergence et du signe $-$ pour la divergence.

Nous aurons une mesure de cet angle que nous supposons petit par le rapport entre le rayon d'une section droite de ce cône et la distance du sommet à cette section, cette distance étant comptée à partir de la section et affectée d'un signe, conformément à la convention que nous avons adoptée (signe $+$ du côté d'où vient la lumière, $-$ en sens contraire).

Si nous considérons un faisceau incident tombant sur un dioptre, en appelant x l'abscisse de son sommet et h le rayon de la section faite dans le cône par la surface réfringente, la convergence de ce faisceau sera :

$$\alpha = -\frac{h}{\alpha}.$$

Si α' est l'abscisse du sommet du faisceau réfracté et α' sa convergence, on aura :

$$\alpha' = -\frac{h}{\alpha'};$$

mais on a la relation (*I*) :

$$\frac{v_1}{\alpha'} - \frac{v_2}{\alpha} = \frac{v_1 - v_2}{\gamma},$$

d'où l'on tire :

$$\alpha' = -\left(\frac{v_2}{\alpha} + \frac{v_1 - v_2}{\gamma}\right)\frac{h}{v_1} = -h\,\frac{v_2\gamma + (v_1 - v_2)\alpha}{\alpha\gamma v_1},$$

et l'on a :

$$\frac{\alpha'}{\alpha} = \frac{v_2\gamma + (v_1 - v_2)\alpha}{v_1\gamma},$$

pour mesurer la variation relative de convergence.

Considérons, par exemple, le cas du dioptre I (fig. 16) où l'on a $v_1 > v_2$ et $\gamma < 0$ et examinons d'abord le cas d'un faisceau incident convergent ($\alpha < 0$).

Si l'on fait $\alpha = \gamma$, c'est-à-dire si le sommet du faisceau est au centre du dioptre, il vient :

$$\frac{\alpha'}{\alpha} = 1,$$

la convergence ne change pas.

Pour les valeurs de $\alpha < \gamma$, la valeur de $\frac{\alpha'}{\alpha}$ croît, la variation de convergence augmente quoique la convergence α' du faisceau réfracté diminue, mais elle diminue moins vite que celle du faisceau incident.

Lorsque le sommet du faisceau incident est entre le centre et le pôle du dioptre, on a $0 > \alpha > \gamma$, la valeur de $\frac{\alpha'}{\alpha}$ devient moindre que l'unité, le faisceau réfracté est moins convergent que le faisceau incident.

Considérons maintenant $\alpha > 0$, c'est-à-dire le cas où le faisceau incident est divergent.

Si l'on a $\alpha > - \dfrac{v_2 \gamma}{v_1 - v_2}$, c'est-à-dire si le sommet du faisceau incident est situé avant le premier foyer F″, la valeur de $\dfrac{x'}{x}$ est négative; il y a donc changement dans la nature du faisceau. Il était divergent, il devient convergent; il y a donc augmentation de convergence.

Si l'on a $0 < \alpha < - \dfrac{v_2 \gamma}{v_1 - v_2}$, c'est-à-dire si le sommet du faisceau incident est entre le pôle du dioptre et le foyer F″, la valeur de $\dfrac{x'}{x}$ est positive et moindre que 1. Les deux faisceaux sont de même nature, divergents l'un et l'autre; de plus, l'angle est moindre pour le faisceau réfracté, il est moins divergent. On peut donc dire, par généralisation, qu'il y a accroissement de convergence.

Ainsi un dioptre convergent produit toujours un accroissement de convergence, excepté lorsque le sommet du faisceau incident est entre le pôle et le centre.

On ferait une discussion analogue pour le cas du dioptre divergent.

Ces considérations peuvent s'étendre au cas d'une surface plane, dioptre à rayon infini, et expliquent pourquoi, la lumière passant du milieu le moins réfringent au milieu le plus réfringent, les faisceaux convergents sont rendus moins convergents et les faisceaux divergents sont rendus moins divergents.

22. *Distances des foyers au centre.* — Les valeurs des abscisses qui donnent les foyers sont d'une manière générale (2 et 3) :

$$\varphi' = - \frac{v_2 \gamma}{v_1 - v_2} \qquad \text{et} \qquad \varphi'' = \frac{v_1 \gamma}{v_1 - v_2}.$$

Ces valeurs étant de signes contraires, on en conclut que les foyers sont toujours de part et d'autre de la surface réfringente, ce qui conduit aux remarques que nous avons déjà faites.

Cherchons les abscisses des foyers prises par rapport au centre (distance du foyer au centre, prise avec un signe, d'après la convention adoptée) ; ce sera $\varphi' - \gamma$ pour le premier foyer et $\varphi'' - \gamma$ pour le second. On trouve :

$$\varphi' - \gamma = -\frac{n_1\gamma}{v_1 - v_2} \quad \text{et} \quad \varphi'' - \gamma = \frac{v_2\gamma}{v_1 - v_2}.$$

Les foyers sont donc de part et d'autre du centre, car ces valeurs sont de signes contraires.

On voit, d'autre part, que φ' et $\varphi' - \gamma$ sont de même signe : le premier foyer est donc d'un même côté du centre et du pôle.

Il en est de même pour le deuxième foyer. Il n'y a donc pas de foyer entre le centre et le pôle.

On voit en outre que l'on a $\varphi' - \gamma = -\varphi''$, c'est-à-dire que le premier foyer est à une distance du centre égale à la distance de l'autre foyer au pôle du dioptre, mais de part et d'autre.

La même propriété existe pour l'autre foyer.

23. *Construction d'un rayon réfracté connaissant le premier plan focal.* — Le premier plan focal étant conjugué de l'infini, on peut l'utiliser pour construire le rayon réfracté correspondant à un rayon incident donné, sans évaluer d'angle. Il suffit d'étendre à ce cas les méthodes générales que nous avons données dans le cas où l'on connaît deux points conjugués quelconques (**9**).

1º Soit RI (fig. 20) un rayon incident coupant en I la surface

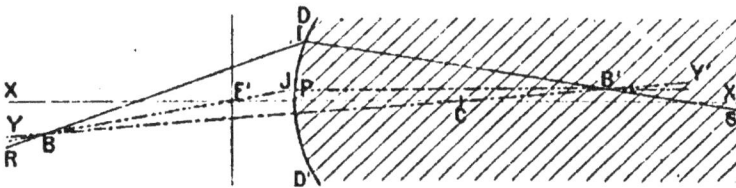

Fig. 20.

d'incidence. Menons un axe secondaire quelconque YCY' coupant en B le rayon incident ; le rayon réfracté cherché devra couper cet axe au point conjugué de B. Considérons le rayon BF'J pas-

sant par le premier foyer, ce rayon sera réfracté parallèlement à
l'axe principal et coupera l'axe secondaire en un point B′ qui
sera le conjugué de B; on aura donc le rayon réfracté en joignant IB′.

2° Soit E′ (fig. 21) le point où le rayon incident rencontre le

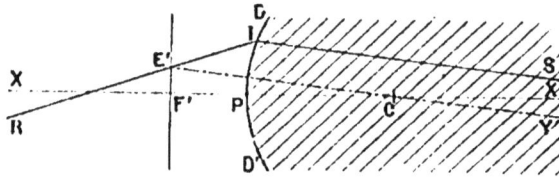

Fig. 21.

premier plan focal. Un faisceau émané de ce point est rendu
parallèle par la réfraction et sa direction est celle de l'axe secondaire E′C qui passe par E . Il suffira donc pour avoir le rayon
réfracté cherché de mener IS parallèle à E′C.

On remarque aisément que ces deux constructions se déduisent des deux précédentes (13) par réversibilité.

De plus, dans chaque cas, la construction 1 donne un point de
la courbe, la construction 2 donne la direction.

Comme précédemment aussi, en répétant deux fois la construction 1 ou en la combinant avec 2, on pourrait trouver le
rayon réfracté sans avoir le point d'incidence.

Enfin, ces constructions permettraient de trouver la relation qui
existe entre les positions de deux points conjugués.

24. *Construction d'un rayon réfracté connaissant les plans
focaux.* — La connaissance du centre du dioptre n'est pas nécessaire pour trouver le rayon réfracté correspondant à un
rayon incident RI, si l'on donne les deux foyers.

1° Menons par F′ (fig. 22) le rayon F′J parallèle à RI; ces
deux rayons, après la réfraction, devront se couper dans le
deuxième plan focal; mais le rayon F′J est réfracté parallèle-

ment à l'axe principal, le point E″ où il coupe le deuxième

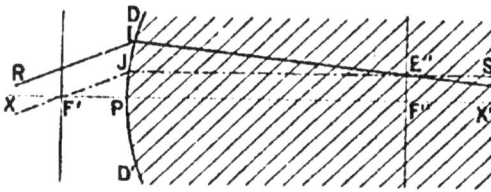

Fig. 22.

plan focal doit se trouver sur le rayon cherché qu'on obtient alors en joignant IE″.

2° Le rayon incident RI (fig. 23) coupe le plan focal F′ en E′ ;

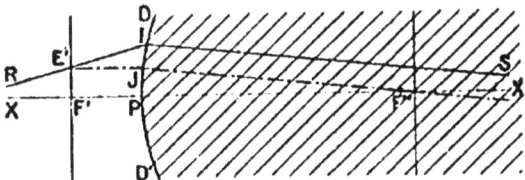

Fig. 23.

tous les rayons incidents qui passent par ce point donnent des rayons réfractés parallèles entre eux. Considérons le rayon E′J parallèle à l'axe ; après la réfraction, il devient JF″ passant par le deuxième foyer et dont la direction est celle du rayon cherché IS.

De ces deux méthodes, l'une donne un point du rayon réfracté, l'autre la direction. Prises ensemble, elles permettent donc de tracer le rayon réfracté dans le cas où l'on ne connaîtrait pas le point I.

Ces deux méthodes se déduisent, d'ailleurs, l'une de l'autre par réversibilité (*).

25. — Il se présente une construction très commode dans un

(*) Il est à remarquer que, connaissant les plans focaux et la surface réfringente, on aurait immédiatement le centre, s'il était nécessaire : il suffirait de porter à partir de F′ et vers P une longueur égale à F′P.

certain nombre de cas, lorsque l'on connaît les deux foyers et le centre : il suffit alors d'appliquer deux constructions indiquées précédemment.

Soit RE′ (fig. 24) le rayon incident coupant en E′ le plan focal

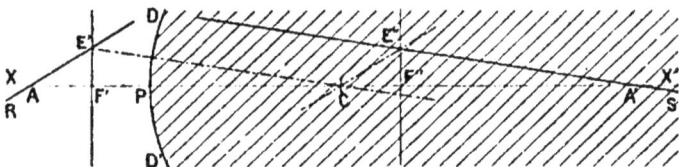

Fig. 24.

F′ ; si nous joignons E′C, nous aurons la direction du rayon réfracté cherché.

Par le centre C menons parallèlement au rayon incident la droite CE″ qui coupe en E″ le plan focal F″ ; le point E″ appartient au rayon réfracté, qu'on obtient en menant par E″ une parallèle à E′C.

Le fait que les quatre droites de la figure sont deux à deux parallèles est fréquemment utilisé. Nous en verrons plusieurs exemples.

On peut très aisément en déduire une relation qui existe entre les positions des points conjugués A et A′.

Les triangles semblables AE′C et CE″A′, dans lesquels les droites E′F′ et E″F″ sont les hauteurs, donnent immédiatement :

$$\frac{AF'}{F'C} = \frac{CF''}{F''A'},$$

ou bien : $\qquad AF' \times A'F'' = CF' \times CF'',$

ce que l'on peut remplacer encore par :

$$AF' \times A'F'' = PF' \times PF''.$$

Convenons de désigner par λ et λ' respectivement les abscisses de A par rapport au premier et de A′ par rapport au deuxième foyer avec la même convention des signes que précédemment. On aura immédiatement la formule générale :

$$\lambda\lambda' = \varphi'\varphi''. \qquad\qquad (1)$$

26. *Image d'une droite. Formules.* — Il est très aisé de déterminer de diverses manières l'image d'un point quelconque, par exemple de l'extrémité B d'une petite droite AB perpendiculaire à l'axe. Il suffit, en effet, de faire passer deux rayons quelconques par ce point et de chercher, par l'une des méthodes précédentes, les rayons réfractés correspondants ; l'intersection de ceux-ci sera le point cherché.

La méthode que l'on emploiera dépendra des données que l'on a à sa disposition.

Dans le cas qui se présente souvent où l'on donne les deux plans focaux (ou les deux foyers), il sera très commode (fig. 25 et 26) (*) de mener par le point donné B : 1° la droite BH, paral-

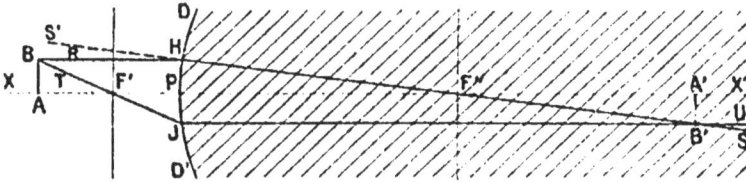

Fig. 25.

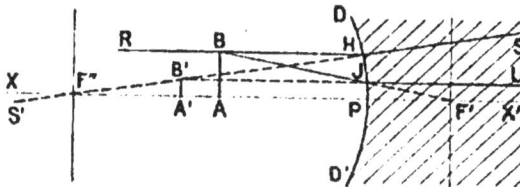

Fig. 26.

lèle à l'axe qui se réfractera en HS en passant par le foyer F''; — 2° la droite BJ passant par le foyer F' qui se réfractera en JU parallèlement à l'axe. Le point d'intersection B' de ces droites sera le point cherché.

Il existe d'autres constructions qui, au point de vue graphique, sont aussi simples ou même plus simples ; mais celle-ci se prête bien aux discussions, comme on le verra plus loin.

La surface étant supposée de peu d'amplitude, on peut, approximativement au moins, assimiler à des droites les arcs PH et PJ qui sont alors respectivement égaux à l'objet et à l'image. Les triangles semblables donnent immédiatement :

$$\frac{PJ}{AB} = \frac{F'P}{AF'}, \qquad \frac{A'B'}{PH} = \frac{F''A'}{PF''},$$

ou, à cause de la remarque précédente :

$$\frac{A'B'}{AB} = \frac{F'P}{AF'} = \frac{F''A'}{PF''}.$$

Introduisons maintenant les abscisses des points considérés λ, λ' (25) et celles des foyers φ', φ'' ; de plus, convenons de désigner par O la longueur de la droite AB et par I celle de A'B', ces quantités étant affectées du signe + si l'extrémité de la droite est au-dessus de l'axe et du signe — en cas contraire; c'est ce que nous appellerons la *grandeur* de l'Objet et de l'Image ; le rapport des grandeurs est ce que l'on appelle le *grandissement* produit par le dioptre.

Les équations précédentes donnent alors :

$$\frac{I}{O} = - \frac{\varphi'}{\lambda} = - \frac{\lambda'}{\varphi''}. \qquad (4')$$

On peut aisément exprimer le grandissement en fonction des abscisses α ou α' (2). On peut, en effet, écrire les équations précédentes (fig. 25) :

$$\frac{A'B'}{AB} = \frac{F'P}{AP - PF'} = \frac{PA' - PF''}{PF''},$$

qui conduisent à

$$\frac{I}{O} = \frac{\varphi'}{\varphi' - \alpha} \cdots \frac{\varphi'' - \alpha'}{\varphi''}. \qquad (5')$$

En examinant les divers cas qui peuvent se présenter, on reconnaîtrait que cette formule est générale.

Si l'on ne veut que la relation qui existe entre les positions des points conjugués, la considération des deux derniers rapports de chaque formule conduit :

Pour la formule (4) à :

$$\lambda\lambda' = \varphi'\varphi'' \; ; \tag{4}$$

Pour la formule (5) à :

$$\frac{\varphi'}{\varkappa} + \frac{\varphi''}{\varkappa'} = 1. \tag{5}$$

§ II. — Points et plans cardinaux. Discussion des dioptres.

27. *Plan principal dans les dioptres.* — Un rayon incident quelconque et le rayon réfracté correspondant coupent la surface réfringente en un même point. Si l'on considère un faisceau incident ayant son sommet sur cette surface, le faisceau réfracté aura évidemment dès lors son sommet au même point. Le sommet du faisceau incident peut être considéré comme l'extrémité d'une petite droite lumineuse qui serait en coïncidence avec la surface réfringente, que l'on peut assimiler à un plan dans les mêmes limites d'approximation que nous avons déjà admises. Le sommet du faisceau réfracté sera alors l'extrémité de l'image de la droite considérée. Il résulte de là que, pour cette position particulière, l'image est égale à l'objet et de même sens.

Considérée à ce point de vue et assimilée à un plan, la surface du dioptre est appelée *plan principal* ; dans le cas des systèmes centrés quelconques (**44**), il existe deux plans conjugués distincts, tels que, lorsque l'objet est dans l'un, l'image est dans l'autre, égale à l'objet et de même sens ou, ce qui revient au même, à ce qu'un rayon incident quelconque et le rayon émergent correspondant coupent respectivement les plans à la même distance de l'axe et d'un même côté ; ces plans sont appelés *plans principaux.* Dans les dioptres, ces deux plans principaux se trouvent réunis en un seul ; la surface réfringente est un plan principal double.

28. *Plans antiprincipaux.* — Nous désignerons sous le nom de *plans antiprincipaux* (*) deux plans conjugués, tels qu'un rayon incident et le rayon réfracté correspondant les coupent à la même distance de l'axe, mais de part et d'autre. Ces plans sont faciles à déterminer.

Soit un dioptre quelconque DD' (fig. 27); menons un rayon RH

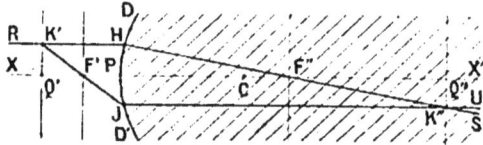

Fig. 27.

parallèle à l'axe, rencontrant en H la surface réfringente. Le rayon réfracté correspondant est HF''S. Prenons sur la surface réfringente PJ = PH : le rayon F'J sera le rayon incident correspondant au rayon JU parallèle à l'axe. Les points K' et K'' où se rencontrent d'une part RH et F'J, d'autre part HS et JU, sont des points conjugués situés à la même distance de l'axe et de part et d'autre.

Menons les droites K'Q' et K''Q'' perpendiculaires à l'axe (ou plutôt les plans correspondants) et déterminons les positions de Q' et Q''. On voit immédiatement que l'on a :

$$Q'F' = F'P \qquad et \qquad Q''F'' = F''P.$$

Ces relations sont indépendantes des points H et J; les différents points de ces plans sont donc conjugués deux à deux et deux points conjugués seront à la même distance de l'axe, mais de part et d'autre.

Si donc nous considérons un point K' du plan Q' comme sommet d'un faisceau incident, le sommet K'' du faisceau réfracté sera dans le plan Q'' et l'on aura Q'K' = Q''K'' les points K' et K'' étant de part et d'autre de l'axe. Chacun des rayons incidents

passant en K' aura pour correspondant un rayon passant en K″;
les divers points des plans Q' et Q″ satisferont donc à la condition indiquée ; ces plans sont les plans *antiprincipaux.*

On voit que si K' est l'extrémité d'un objet, une petite droite
perpendiculaire à l'axe, l'image aura K″ pour extrémité et, par
suite, l'image sera de même grandeur que l'objet, mais de sens
contraire.

Les distances des deux plans antiprincipaux au centre sont
égales.

On a, en effet:

$$Q'C = Q'F' + F'C = FP + PF'',$$

et : $$Q''C = Q''F'' + F''C = PF'' + F'P.$$

Cette distance est égale à la distance qui sépare les foyers.

29. — Connaissant la surface réfringente et les plans antiprincipaux, il est très aisé de trouver le rayon réfracté correspondant à un rayon incident donné RI (fig. 28). Soit en effet

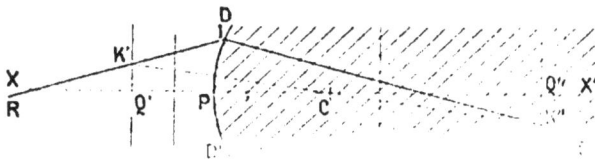

Fig. 28.

K', le point où le rayon rencontre le premier plan antiprincipal Q' ; prenons sur l'autre plan antiprincipal une distance
Q″K″ = Q'K' portée en sens contraire. Le point K″ ainsi déterminé appartient au rayon réfracté cherché, qu'on obtient en
joignant K″ au point d'incidence I.

On trouve d'ailleurs aisément le point K″, si l'on a marqué le
centre, en menant la droite K'C qui donne ce point K″ par son
intersection avec Q″. Le centre peut être connu en tout cas,
puisqu'il est à égale distance de Q' et de Q″.

Si l'on ne veut pas utiliser la surface réfringente en ce point I, on peut déterminer un autre point du rayon réfracté ou sa direction en se servant des plans focaux, par exemple.

30. *Centre optique; point nodal double dans les dioptres. Points antinodaux.* — Nous avons indiqué déjà que tout rayon qui passe par le centre traverse le dioptre sans déviation, car il est normal à la surface réfringente au point d'incidence ; le rayon incident et le rayon réfracté correspondant font le même angle avec l'axe. Considéré à ce point de vue, le centre de la surface est appelé *centre optique* du dioptre. Il correspond à la réunion en un seul de deux points que nous étudierons par la suite (**69**) sous le nom de *points nodaux* : c'est un point nodal double.

Par le centre C (fig. 29) menons deux droites CE′ et CE″ fai-

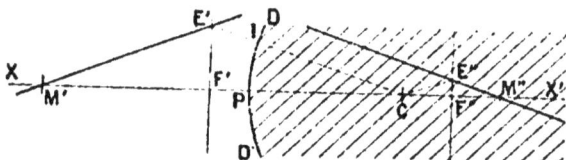

Fig. 29.

sant avec l'axe des angles égaux, mais de direction contraire. Soient E′ et E″ les points où elles rencontrent les plans focaux. Menons par E′ une parallèle à CE″ et par E″ une parallèle à CE′ ; les droites ainsi obtenues sont nécessairement un rayon incident et le rayon réfracté (**25**) correspondant et les points M′ et M″, où ces droites rencontrent l'axe, sont des points conjugués. Par la construction même, les points M′ et M″ sont respectivement symétriques de C par rapport aux plans F′ et F″ ; ils sont donc indépendants de la direction choisie primitivement pour CE′ et CE″. La propriété que possèdent les droites M′E′ et M″E″ de faire avec l'axe des angles égaux et contraires appartient donc à toutes les droites qui passeront par ces points. Considérés à ce point de vue, ces points ont été appelés *points antinodaux.*

Ils pourraient servir à trouver un rayon réfracté ; mais la construction correspondante est sans utilité,

31. *Discussion des images dans les dioptres. Caractéristique.* — Lorsqu'un objet se déplace devant un dioptre, son image change à la fois de grandeur et de position. Il est intéressant d'étudier ces variations; il serait possible de renvoyer pour cette question à la discussion des surfaces centrées en général; ce sont, en effet, les mêmes considérations. Cependant, à cause des applications, notamment à l'étude de l'œil, il est utile d'indiquer la méthode que l'on peut suivre et de signaler les principaux résultats.

Remarquons que, lorsqu'un objet AB (fig. 25 et 26) se déplace, l'un des rayons utilisés dans la construction précédemment indiquée ne change pas; c'est le rayon incident, parallèle à l'axe RH. Le rayon réfracté correspondant ne changera donc pas non plus et l'image du point B se trouvera, quelle que soit la position de l'objet, sur ce rayon HS ou sur son prolongement; considérée à ce point de vue, cette droite est dite la *caractéristique* de l'objet AB dans le dioptre considéré.

Nous remarquerons, d'autre part, que l'image de A étant sur l'axe, l'image de AB sera toujours comprise entre les droites XX' et SS' et que, par suite, sa grandeur et son sens dépendront de sa position, et réciproquement.

Si nous déplaçons l'objet de la gauche vers la droite, par exemple, dans le cas d'un dioptre convergent (fig. 25), le point J s'abaisse et l'image égale à PJ s'agrandit; donc elle s'éloigne du sommet de l'angle, c'est-à-dire qu'elle se déplace dans le même sens que l'objet. Dans le cas du dioptre divergent (fig. 26), le point J s'élève quand AB se rapproche. mais la caractéristique ayant une inclinaison inverse, le résultat est le même.

On peut dire d'une manière générale que, dans tous les cas, l'image et l'objet se déplacent dans le même sens.

32. — Comme on connaît un certain nombre de couples de points conjugués dans un dioptre, lorsqu'un point lumineux passera d'un de ces points à un autre, l'image parcourra l'espace compris entre les conjugués; on peut donc ainsi concevoir l'espace divisé en régions qui se correspondront.

Les foyers étant conjugués de l'infini, chacun d'eux divise déjà l'espace en deux régions qui se correspondent :

I. L'objet allant de l'infini à gauche au foyer F', l'image se déplace de F" à l'infini à droite;

II. L'objet allant du foyer F" à l'infini à droite, l'image se déplace de l'infini à gauche au foyer F".

Ces régions n'ont pas la même limite, puisque F' ne correspond pas avec F"; dans tous les cas, elles se présentent en ordre inverse.

Etudions maintenant les subdivisions que l'on peut considérer dans ces deux grandes divisions. La surface DD' du dioptre ou plan principal double P est une limite commune à deux régions : l'une pour les objets, l'autre pour les images, car ce point est à ui-même son conjugué.

Il en est de même du point C, point nodal double, pour la même raison. Il y a donc une région comprise entre ces plans et dans laquelle se trouvent à la fois l'objet et l'image.

Il n'en est pas de même pour les autres régions qui sont limitées respectivement pas les plans antiprincipaux Q' et Q" et par les points antinodaux M et M'.

Il est à remarquer que ces points (fig. 30) sont régulièrement

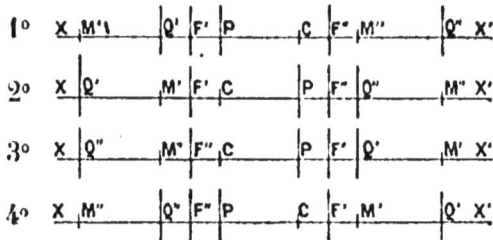

Fig. 30.

disposés en deux groupes comprenant chacun un plan focal, un plan principal, un plan antiprincipal, un point nodal, un point antinodal. Dans chaque groupe, le plan focal est un plan de symétrie, de part et d'autre duquel sont répartis les deux plans et les deux points. Les distances sont les mêmes dans ces deux groupes, seulement il y a changement de distance entre les points et les plans de l'un à l'autre et, de plus, l'ordre des plans entre eux est interverti.

L'un de ces groupes, le premier, comprend les limites des régions correspondant à l'objet; le deuxième groupe comprend les limites des régions correspondant à l'image.

Ajoutons, comme nous l'avons déjà dit, que ces deux groupes ont une région commune (*).

33. — Les cinq éléments de chaque groupe déterminent six régions dans l'espace; à chaque région du premier groupe correspond une région du deuxième groupe limitée par les points conjugués des extrémités de la première. Ces régions se répartissent trois par trois dans les deux grandes divisions que fournissent les plans focaux. On peut dire, dès lors, d'une manière générale que si les régions du premier groupe sont numérotées de 1 à 6 en allant de gauche à droite, les régions du deuxième groupe se présenteront dans l'ordre suivant : 4, 5, 6, 1, 2, 3.

Il faut maintenant donner quelques détails sur les résultats correspondant aux deux formes de dioptre.

34. — Les éléments cardinaux d'un dioptre sont liés les uns aux autres de telle sorte que la connaissance de trois d'entre eux suffit évidemment pour déterminer, pour caractériser tous les autres, pourvu que ces trois éléments soient choisis de telle sorte que deux d'entre eux ne soient pas symétriques par rapport au troisième.

On reconnaît qu'il y a quatre sortes de dioptres différents (fig. 30), caractérisés de la façon suivante :

I. Le plan focal F' du premier groupe est avant le plan principal P :

1° La première distance focale est plus petite que la deuxième ;

2° La première distance focale est plus grande que la deuxième.

_____

(*) Toutes ces propriétés, à l'exception de la dernière, appartiennent à tou les systèmes centrés, comme nous le verrons plus loin.

II. Le plan focal F' du premier groupe est après le plan principal P :

3' La première distance focale est plus petite que la deuxième;

4° La première distance focale est plus grande que la deuxième.

Mais on reconnaît aisément qu'il suffit d'étudier deux formes, car les autres s'y ramènent par retournement. Nous étudierons donc seulement la forme 1°, à laquelle se rattache la disposition 2°, et la forme 3°, d'où l'on déduira la forme 4°. La première forme est un dioptre convergent; la deuxième, un dioptre divergent.

Une remarque générale s'appliquant à tous les cas, c'est qu'un objet est réel tant qu'il est à gauche du plan principal P; qu'il est virtuel à droite de ce même plan; — qu'une image est réelle à droite du plan principal P et virtuelle à gauche.

35. *Discussion détaillée :*

I. — DIOPTRES CONVERGENTS

Ce groupe est caractérisé par la position relative du premier foyer et du plan principal, par exemple, ces points étant dans l'ordre F' — P ; il y a deux cas à distinguer, suivant que le point C est après le point P (fig. 30, 1°) ou entre les points F' et P (2°) ; mais, par retournement, ils se déduisent l'un de l'autre.

Si nous considérons un objet se mouvant le long de l'axe, de manière que son extrémité se déplace suivant RR' (fig. 31),

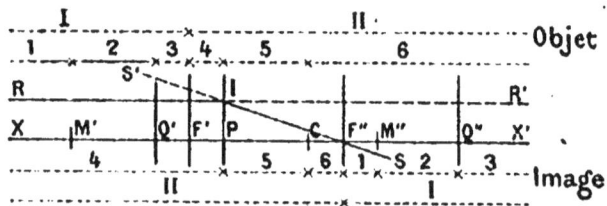

Fig. 31.

nous pouvons tracer la caractéristique S'S. On voit immédiatement que les images seront droites avant F'', renversées après ; qu'elles seront plus grandes que l'objet avant le plan principal P ou après le plan antiprincipal Q'' et qu'elles seront plus petites entre ces deux points.

En se reportant à la notion des éléments cardinaux conjugués et en se rappelant que l'image et l'objet se déplacent toujours dans le même sens, on peut terminer sans difficulté la discussion que nous résumerons dans le tableau suivant :

Objet.		Image.			
Position.	Nature.	Position.	Nature.	Sens.	Grandeur.
$+\infty$		F''		Nulle.	
M'		M''	Réelle.	Renversées.	Dimin.
Q'	Réel.	Q''		Égale.	
F'		$\pm\infty$		Infinie.	Agrand.
P		P	Virtuelle.	Égale.	
C		C		Droites.	Dimin.
$-\infty$	Virtuel.	F'''	Réelle.	Nulle.	

II. — DIOPTRES DIVERGENTS

Les dioptres de ce groupe sont caractérisés par la position des points P, F', par exemple ; comme précédemment, il y a deux cas à distinguer ; mais, par retournement, ils se déduisent l'un de l'autre.

Les remarques qu'il y aurait à faire (fig. 32) sont analogues à

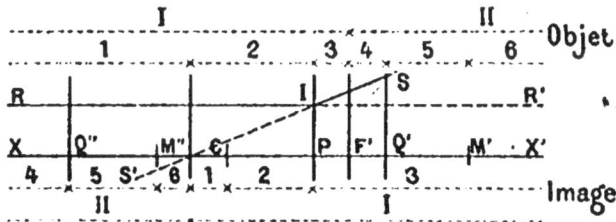

Fig. 32.

celles que nous avons indiquées précédemment. Il nous suffira de donner le tableau résumant les divers cas :

Objet		Image			
Position.	Nature.	Position.	Nature.	Sens.	Grandeur.
$+\infty$		F"	Virtuelle.		Nulle.
C	Réel.	C		Droites.	Dimin.
P		P	Réelle.	Égale.	Égale.
F'		...∞			Infinie. Agrand.
Q'	Virtuel.	Q"		Égale.	Égale.
M'		M"	Virtuelle.	Renversées.	Dimin.
$-\infty$		F"			Nulle.

On pourrait arriver aux résultats que nous venons d'indiquer par d'autres méthodes, par exemple en se servant des formules que nous avons données (4 ou 5). Il ne se présente pas de difficulté et il n'y a pas lieu de nous y arrêter.

36. *Puissance des dioptres. Dioptrie.* — La formule :

$$\frac{1}{0} = - \frac{\chi'}{\varphi''}$$

peut s'écrire :

$$1 = - \frac{1}{\varphi''} \, 0\chi',$$

équation qui donne la grandeur et le sens de l'image d'un objet 0, lorsque l'on connaît la deuxième distance focale du dioptre et la distance à laquelle se fait l'image. La position de l'objet n'intervient pas, au moins, explicitement.

On simplifie les calculs qui permettent d'obtenir 1 si l'on convient de caractériser la seconde distance focale, non par la distance φ'' du second foyer au second plan principal, mais par l'inverse de cette distance. Cette quantité, que nous représenterons par π'', est la *puissance* du dioptre pour le sens considéré (*). On a alors :

$$1 = - \pi'' 0\chi'.$$

(*) M. Monoyer a proposé le nom de *pouvoir dioptrique* pour cette quantité ; d'autres auteurs, M. Pellat, la désignent sous le nom de *convergence* ; le mot de puissance paraît plus généralement adopté.

On évalue la puissance d'un système à l'aide d'une unité spéciale, la *dioptrie*, qui est définie ainsi :

La dioptrie est la puissance d'un système dont la distance focale est de 1 mètre.

L'expression $\pi'' = \dfrac{1}{\varphi''}$ donnera donc la puissance en dioptries si l'on a soin d'évaluer la distance focale φ'' en mètres et fractions de mètre.

37. — La puissance a une représentation géométrique qui est intéressante.

Considérons un objet de longueur égale à l'unité, $0 = 1$; on a, au signe près :

$$\pi'' = \frac{1}{\lambda'}.$$

I étant la grandeur de l'image et λ' sa distance au foyer F″, on voit que la puissance est égale à la tangente trigonométrique de l'angle que l'axe du dioptre fait avec la caractéristique correspondant à un objet de longueur égale à l'unité.

Si, comme nous le supposons, les angles considérés sont assez petits pour pouvoir être confondus avec leur tangente, on peut dire encore que la puissance est égale à l'angle que fait, avec l'axe du dioptre, la caractéristique d'un objet de longueur égale à l'unité.

Comme il y a deux foyers dans un dioptre et deux distances focales, il y aura à donner deux puissances pour caractériser optiquement ce dioptre, chacune des puissances correspondant à l'un des sens dans lequel il peut être traversé par la lumière.

Le rapport des deux puissances $\dfrac{\pi'}{\pi''}$ est égal à l'inverse de l'indice de réfraction changé de signe.

CHAPITRE II

ÉTUDE GÉOMÉTRIQUE DES SYSTÈMES CENTRÉS

§ I. — Propriétés générales.

38. *Extension des propriétés des dioptres.* — Il y a à étendre, au cas de systèmes centrés, les résultats que nous avons obtenus, en les généralisant pour certains éléments, comme nous le dirons plus loin.

Il y a d'abord quelques résultats qu'il est facile de généraliser par un raisonnement simple.

On reconnaît d'abord que l'homocentricité est conservée dans un système centré quelconque : considérons, en effet, un faisceau homocentrique rencontrant la première surface ; il sera transformé en un faisceau homocentrique qui rencontrera la deuxième surface et, après la réfraction sur cette surface, donnera également un faisceau homocentrique ; et ainsi de suite, de proche en proche, jusqu'après la dernière surface réfringente qui, recevant un faisceau homocentrique, le transformera en un autre faisceau homocentrique.

En particulier, si l'on considère un faisceau incident parallèle à l'axe, il donnera lieu, dans le dernier milieu, à un faisceau homocentrique dont le sommet, par analogie, a reçu le nom de *deuxième foyer principal* (**10**).

De même, par réversibilité, on doit concevoir qu'un certain faisceau incident, convenablement choisi, donnerait, dans le dernier milieu, un faisceau parallèle à l'axe. Par analogie également, le sommet de ce faisceau incident est appelé le *premier foyer principal* (**14**).

Un raisonnement entièrement analogue à celui que nous venons de faire montrerait qu'une petite droite perpendiculaire à l'axe, donne, après la réfraction sur les diverses surfaces réfringentes, une image qui est une petite droite perpendiculaire à l'axe.

De même aussi on est conduit à la notion des plans focaux : le deuxième plan focal du système est l'image à travers les diverses surfaces réfringentes, sauf la première, du deuxième plan focal du premier dioptre ; et le premier plan focal, par réversibilité, est l'image à travers les diverses surfaces réfringentes, sauf la dernière, du premier plan focal du dernier dioptre.

Comme nous le verrons d'une manière générale, l'existence des plans antiprincipaux est très aisée à démontrer lorsque l'on connaît, dans un système quelconque, les plans focaux et les plans principaux. Nous venons de prouver qu'il existait toujours des plans focaux ; il nous suffira donc d'étendre l'idée du plan principal que nous avons indiquée.

Nous nous occuperons d'abord du cas où le système centré est formé de deux dioptres, et nous étendrons ensuite les résultats obtenus au cas d'un système centré quelconque.

39. *Étude d'un système composé de deux dioptres. Foyers.* — Considérons deux dioptres dont on donne les surfaces réfringentes p_1, p_2, les centres c_1, c_2 et les plans focaux f_1', f_1'' et f_2', f_2''.

Soit un rayon incident RI_1 (fig. 33), parallèle à l'axe ; il est réfracté par le premier dioptre en passant par le foyer f_1'' et va couper le second dioptre en I_2. La construction que nous avons indiquée (**25**) permet de trouver le rayon réfracté I_2S : il suffit de mener c_2E'' parallèle à I_1I_2 ; le point E'', où cette droite rencontre le plan focal f_2'', appartient, en effet, au rayon réfracté qui est ainsi déterminé. On pourrait dire également que le rayon réfracté est parallèle à $E''c_2$.

Ce rayon L_2S rencontre l'axe en F''; tous les rayons parallèles

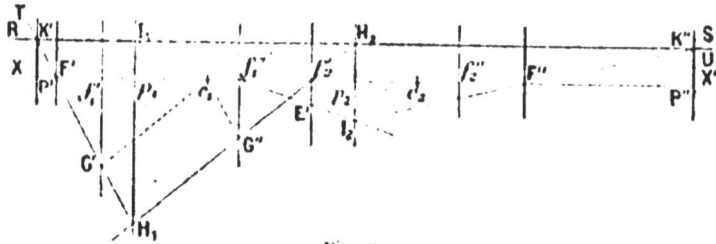

Fig. 3.

à l'axe donnant un faisceau homocentrique dans le dernier milieu, ce point F'' est le sommet de ce faisceau; c'est donc le deuxième foyer du système.

La même construction, appliquée en sens contraire, donnerait de même le premier foyer F' : il y aurait à considérer le rayon UH_2H_1T, passant par f_1', et tel que les droites c_1G' et c_1G'' soient parallèles respectivement à H_2H_1 et H_1T. Le point d'intersection F' de H_1T avec l'axe est le premier foyer principal.

Déterminons la position de F'' : les triangles semblables $c_2E''F''$ et $f_1''E'c_2$, dans lesquels $E''f_2''$ et $E'f_1'$ sont les hauteurs, donnent immédiatement :

$$\frac{f_2''F''}{c_2f_2''} = \frac{c_2f_1'}{f_1''f_1'}.$$

D'où :

$$f_2''F'' = \frac{c_2f_2'' \times c_2f_1'}{f_1''f_1'},$$

que l'on peut remplacer en fonction des distances focales du second dioptre, à cause des relations connues. Il vient :

$$f_2''F'' = \frac{p_2f_2' \times p_2f_1''}{f_1''f_1'},$$

d'où l'on tire :

$$p_2F'' = p_2f_2'' + f_2''F'' = \frac{p_2f_1'' \times p_2f_2''}{f_1''f_1'}.$$

Cette équation, qui détermine F'', est indépendante de I ou de toute autre donnée caractérisant le rayon incident choisi, ce qui vérifie *a posteriori* la conservation de l'homocentricité.

Un calcul analogue donnerait F' : on peut écrire, d'ailleurs, immédiatement la valeur de $f_1'F''$; il suffit de changer dans la formule précédente les 1 en 2, les ' en '' et réciproquement ; il vient alors :

$$f_1'F'' = \frac{p_1 f_1'' \times p_1 f_1'}{f_2' f_1''},$$

d'où l'on tire :

$$p_1 F'' = \frac{p_1 f_2' \times p_1 f_1'}{f_1'' f_2'}.$$

40. *Plans principaux. Distances focales.* — La même construction conduit à la considération des plans principaux. Prolongeons le rayon I_2F'' jusqu'au point K'', où il coupe le prolongement H_2U du rayon incident ; et, de même, le rayon H_2F' jusqu'en K', où il coupe le rayon incident : les points K' et K'' ainsi déterminés sont des points conjugués. En effet, on peut considérer qu'il part de K' deux rayons RI_2 et TH_2 qui sont transformés par la réfraction en I_2S et H_2U qui se coupent en K''; donc, à cause de la conservation de l'homocentricité, il en résulte que tous les autres rayons qui, à l'incidence, passent en K', sont transformés en rayons qui, à l'émergence, passent en K''. De plus, les points K' et K'' sont à la même distance de l'axe.

Abaissons les plans perpendiculaires à l'axe $K'P'$ et $K''P''$ et cherchons à déterminer la position des points P' et P''.

Les triangles semblables $K''P''F''$ et $F''p_2I_2$ donnent :

$$\frac{F''P''}{F''p_2} = \frac{K''P''}{p_2 I_2};$$

de même, à cause des triangles semblables $I_1p_1f_1''$ et $f_1''p_2I_2$, on a :

$$\frac{p_1 f_1''}{p_2 f_1''} = \frac{I_1 p_1}{p_2 I_2},$$

et comme on a $I_1p_1 = K''P''$, il vient :

$$\frac{F''P''}{F''p_2} = \frac{p_1 f_1''}{p_2 f_1''},$$

Substituant à $F''p_2$ sa valeur, on obtient la valeur :

$$F'P'' = \frac{p_1 f_2'' \times p_1 f_1''}{f_1'' f_2''}.$$

On aurait de même, pour déterminer la position de P', l'équation :

$$F'P' = \frac{p_1f_1' \times p_1f_1'}{f_1'f_1''}.$$

Les valeurs de F'P' et F''P'' sont indépendantes de tout ce qui caractérise un rayon RI₁ particulier : tous les points des plans P' et P'' jouissent donc des mêmes propriétés que celles que nous avons indiquées pour K' et K'', à savoir :

Un point quelconque de P' a son conjugué dans le plan P'', à la même distance de l'axe.

Il résulte de là que tous les rayons qui viennent se couper en un point de P' sont transformés à l'émergence en rayons se coupant en un point de P'' situé à la même distance de l'axe. Si on considère un rayon en particulier, on peut donc dire que :

Un rayon incident et le rayon émergent correspondant coupent respectivement les plans P' et P'' à la même distance de l'axe.

Les plans P' et P'' sont dits *le premier et le deuxième plans principaux.*

Comme nous le dirons plus tard, ces plans peuvent occuper des positions diverses par rapport à F' et F''; mais toujours ils sont respectivement de part et d'autre de ces points.

Dans le cas du dioptre, on peut considérer que ces deux plans se sont confondus en un seul qui coïncide avec la surface réfringente (**27**).

Par analogie, les distances F'P' et F'P' sont dites la première et la deuxième distances focales.

41. — Nous savons que dans le cas du dioptre, il existe une relation entre les distances focales; si nous appelons v_1, v_2 et v_3 les vitesses de propagation de la lumière dans les troisièmes milieux successifs, on sait que l'on a :

$$\frac{p_1f_1'}{p_1f_1''} = \frac{v_2}{v_1} \qquad \text{et} \qquad \frac{p_2f_2'}{p_2f_2''} = \frac{v_3}{v_2}.$$

Cherchons le rapport des distances focales du système centré considéré, on a :

$$\frac{F'P'}{F''P''} = \frac{p_1 f_1' \times p_2 f_2'}{p_1 f_1'' \times p_2 f_2''} = \frac{v_1}{v_1}.$$

Le rapport de la première à la deuxième distance focale du système est donc égal au rapport des vitesses de propagation dans le troisième et dans le premier milieux, c'est-à-dire à l'inverse de l'indice de réfraction du troisième milieu par rapport au premier.

Il est intéressant de remarquer que le milieu intermédiaire n'intervient en rien dans l'évaluation du rapport des distances focales.

42. *Construction d'un rayon émergent.* — La connaissance des plans focaux et des plans principaux permet de trouver, par une construction simple, le rayon émergent correspondant à un rayon incident donné.

1° Soit, par exemple, le rayon incident RI' (fig. 34 et 35), qui

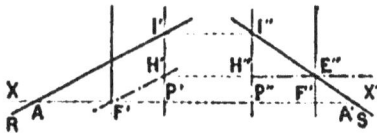

Fig. 34.

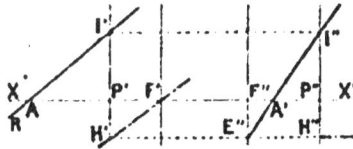

Fig. 35.

coupe le premier plan principal P' au point I' ; menons I'I″ parallèle à l'axe et soit I″ son point d'intersection avec le plan P″ ; le point I″ est un point du rayon réfracté.

D'autre part, menons F'H' parallèle au rayon incident donné ; coupant le plan principal P' en H', ce rayon passant par le foyer principal F' est transformé et remplacé par le rayon H'H″ parallèle à l'axe qui coupe le plan focal F″ en E″ ; ce point est le foyer secondaire correspondant à la direction incidente donnée, le rayon cherché doit y passer. On aura donc ce dernier en joignant I″E″.

Cette construction s'applique, bien entendu, quelles que soient les positions relatives de ces quatre plans.

2° Le rayon incident étant RI' (fig. 36 et 37), le rayon réfracté, comme précédemment, doit passer par I".

Soit, d'autre part, E' l'intersection du rayon inciden: avec le

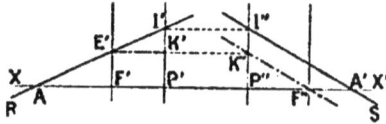

Fig. 36.

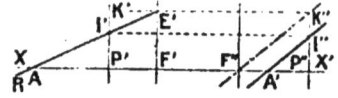

Fig. 37.

premier plan focal ; menons par ce point un rayon E'K" parallèle à l'axe et coupant le plan P' en K' ; le rayon émergent doit couper le plan P" en K" à la même distance de l'axe ; de plus, il doit passer par F", car le rayon incident est parallèle à l'axe, c'est donc K"F". Cette direction est celle du faisceau parallèle émergent correspondant au faisceau incident, dont le sommet est en E', c'est donc, en particulier, celle du rayon émergent cherché, que l'on obtient en menant I"S parallèle à K"F".

Il est à remarquer que la deuxième construction peut se déduire de la première par voie de réversibilité.

D'autre part, la première méthode détermine le rayon émergent par deux points I" et E" ; la deuxième le détermine par un point I" et par sa direction.

En réunissant les deux méthodes, on pourrait construire le rayon émergent (fig. 38 et 39), même si l'on ne disposait pas du

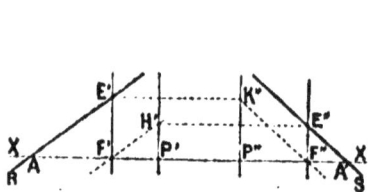

Fig. 38.

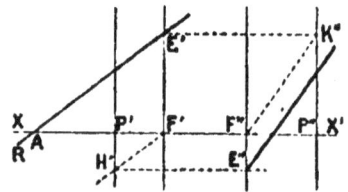

Fig. 39.

point I", car par l'application de la première méthode on aurait un point E" et la deuxième donnerait la direction qui est celle de F"K".

43. *Étude d'un système formé de la réunion de deux systèmes composés. Foyers.* — Considérons deux systèmes centrés quelconques (fig. 40). Nous supposerons qu'ils possèdent chacun deux

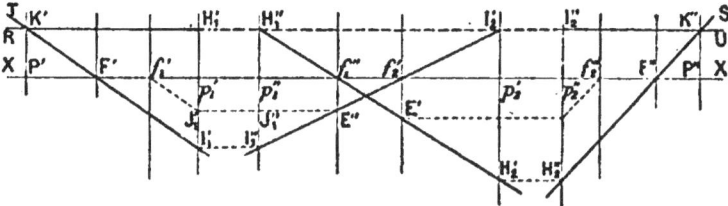

Fig. 40.

plans focaux et deux plans principaux $f_1' \ f_1'' \ p_1' \ p_1''$, pour le premier, $f_2' \ f_2'' \ p_2' \ p_2''$ pour le second. Le dernier milieu du premier système est le même que le premier milieu du deuxième système; nous pouvons donc placer ces systèmes à la suite pour en faire un système centré unique, sans introduire une nouvelle surface réfringente. Appelons v_1, v_m, v_n les vitesses de propagation de la lumière respectivement dans le premier milieu, dans le milieu intermédiaire et dans le dernier milieu.

Nous savons alors que l'on a :

$$\frac{p_1' f_1'}{p_1'' f_1''} = \frac{v_m}{v_1} \text{ et } \frac{p_2' f_2'}{p_2'' f_2''} = \frac{v_n}{v_m}.$$

Nous allons chercher la position des foyers, montrer qu'il existe des plans principaux et reconnaître que le rapport de la première distance focale (du premier foyer au premier plan principal) à la deuxième distance focale (du deuxième foyer au deuxième plan principal) est égal au rapport $\frac{v_n}{v_1}$.

Il va sans dire que la démonstration s'appliquerait au cas où l'un des systèmes serait un dioptre, ce qui reviendrait à supposer que les plans principaux correspondants sont confondus en un seul.

Considérons un rayon incident RH_1', parallèle à l'axe; le rayon réfracté par le premier système est immédiatement $H_1'' f_1''$ allant couper p_2' au point H_2'; le rayon émergent passera en H_2''; nous allons déterminer sa direction. Pour cela (**42**), par E', point où le rayon réfracté $\text{H}_1''\text{H}_2'$ coupe le plan focal f_2', menons le rayon EJ$_2'$ parallèle à l'axe; à l'émergence, il sera devenu $\text{J}_2''\, f_2''$, et sa direction est celle du rayon cherché qui est alors $\text{H}_2''\text{S}$. Le rayon coupe l'axe en F'', qui est le deuxième foyer du système.

Déterminons la position de ce point :

La considération de triangles semblables faciles à reconnaître donne immédiatement :

$$\frac{p_2''\text{F}''}{p_2''f_2''} = \frac{p_2''\text{H}_2''}{p_2''\text{J}_2''} \quad \text{et} \quad \frac{p_2'f_1''}{f_1''f_2'} = \frac{p_2'\text{H}_2}{f_2'\text{E}'},$$

ou, à cause des lignes égales :

$$\frac{p_2''\text{F}''}{p_2''f_2''} = \frac{p_2'f_1''}{f_1''f_2'},$$

d'où l'on déduit :

$$p_2''\text{F}'' = \frac{p_2''f_2'' \times p_2'f_1''}{f_1''f_2'}.$$

Par une simple permutation d'indices, on a de même :

$$p_1'\text{F}' = \frac{p_1'f_1' \times p_1''f_2'}{f_1'f_1''}.$$

Sans insister, et comme précédemment, nous remarquerons que ces valeurs, indépendantes du rayon incident considéré, prouvent l'existence des foyers.

Le premier foyer aurait pu être déterminé en F' en considérant le rayon marchant en sens inverse U $\text{I}_2''\, \text{I}_2'\, \text{I}_1''\, \text{I}_1'\, \text{T}$.

44. *Plans principaux. Distances focales.* — Comme dans le cas de deux dioptres, considérons les points K' et K'' d'intersection des deux rayons que nous venons d'indiquer; ces points sont conjugués et les mêmes remarques montrent que les plans P' et P'' qui y passent jouissent de la propriété qui caractérise les plans principaux.

Déterminons la position de ces points.

On a, à l'aide de triangles semblables :

$$\frac{\text{F}''\text{P}''}{p_2''\text{F}''} = \frac{\text{K}''\text{P}''}{p_2''\text{H}_2''} \quad \text{et} \quad \frac{p_1''f_1''}{f_1''p_2'} = \frac{\text{H}_2''p_1''}{p_2'\text{H}_2''},$$

ce qui conduit à :

$$\frac{F''P''}{p_2''F''} = \frac{p_1''f_1''}{f_1''p_2'} .$$

et, en remplaçant $p_2''F''$ par sa valeur :

$$F''P'' = \frac{p_1''f_1'' \times p_2''f_2''}{f_1''f_2'} .$$

On pourrait trouver d'une façon analogue $F'\,P'$, ou bien on peut déduire sa valeur de la précédente par une permutation d'indices :

$$F'P' = \frac{p_2'f_2' \times p_1'f_1'}{f_2'f_1''} .$$

Ces valeurs, indépendantes du rayon incident considéré, prouvent, comme précédemment, l'existence de plans principaux, plans conjugués qui sont coupés à la même distance de l'axe par un rayon incident quelconque et par le rayon émergent correspondant.

Comme précédemment aussi, les distances $F'P'$ et $F''P''$ sont appelées première et deuxième distances focales.

Cherchons la valeur de leur rapport :

$$\frac{F'P'}{F''P''} = \frac{p_2'f_2' \times p_1'f_1'}{p_1''f_1'' \times p_2''f_2''} ,$$

ou, en introduisant les relations connues entre les distances focales des systèmes composants :

$$\frac{F'P'}{F''P''} = \frac{v_n}{v_1} .$$

Le rapport des distances focales est indépendant des milieux intermédiaires; il est égal à l'inverse de l'indice de réfraction du dernier milieu par rapport au premier.

Il peut être utile de déterminer la position des plans P' et P'' par rapport aux systèmes composants. On a aisément :

$$P''p_1' = P'F' + F'p_1' = \frac{p_1'f_1' \times p_1''p_2'}{f_1''f_2'} ,$$

$$P''p_2'' = p_2''F'' + F''P'' = \frac{p_2''f_2'' \times p_1'p_1''}{f_1''f_2'} .$$

45. *Formules générales des foyers et des plans principaux.* — Il est utile de donner des formules générales permettant de trouver les éléments cardinaux d'un système centré formé par la réunion de deux systèmes centrés réunis sur le même axe et tels que le dernier milieu du premier système soit identique au premier milieu du deuxième système, de manière que leur réunion n'introduise pas une nouvelle surface réfringente. Il nous suffira, d'ailleurs, de donner les formules relatives aux plans focaux et principaux, car on verra que les autres éléments cardinaux sont déterminés par là même.

Nous définirons les deux systèmes par leurs distances focales φ_1' φ_1'' φ_2' φ_2'' (abscisses des foyers par rapport aux plans principaux correspondants avec des signes conformes à la convention générale) et nous désignerons par ε l'abscisse de f_2' par rapport à f_1'' (avec un signe convenable).

Nous désignerons de plus par $\mathfrak{F}'$ et $\mathfrak{F}''$ les abscisses de F' et de F'' par rapport à p_1' et p_2'' respectivement ; par Φ' et Φ'' les distances focales du système, abscisses de F' par rapport à P' et de F'' par rapport à P''; et par Ψ' et Ψ'' les abscisses de P' par rapport à p_1' et de P'' par rapport à p_2'',

La substitution dans les valeurs précédentes donne immédiatement les formules générales :

$$\mathfrak{F}' = \frac{\varphi_1'\,(\varepsilon + \varphi_1'')}{\varepsilon} \qquad \mathfrak{F}'' = \frac{\varphi_2''\,(\varepsilon - \varphi_2')}{\varepsilon}. \qquad (6)$$

$$\Psi' = \frac{\varphi_1'\,(\varepsilon + \varphi_1'' - \varphi_2')}{\varepsilon} \qquad \Psi'' = \frac{\varphi_2''\,(\varepsilon + \varphi_1'' - \varphi_2')}{\varepsilon}. \qquad (7)$$

$$\Phi' = \frac{\varphi_1'\varphi_2'}{\varepsilon} \qquad\qquad \Phi'' = -\frac{\varphi_1''\varphi_2''}{\varepsilon}. \qquad (8)$$

Ces formules, bien entendu, sont applicables au cas de la réunion de deux dioptres ; il y aurait alors seulement coïncidence entre p_1' et p_2'' d'une part, entre p_2' et p_2'' d'autre part.

46. *Construction d'un rayon réfracté. Formules.* — Un système centré quelconque ayant deux plans focaux et deux plans principaux, on peut appliquer au cas général les modes de construction indiqués précédemment (**42**) pour trouver le rayon émergent correspondant à un rayon incident donné. Il n'y a aucune modification à apporter à ce qui a été dit, car les constructions s'appuyaient seulement sur les propriétés de ces plans qui ont été démontrées générales et non sur la constitution du système (fig. 34 à 39).

Ces constructions permettent de déterminer aisément la relation qui existe entre les positions de deux points conjugués.

Si, l'on se reporte, par exemple, à la première construction (fig. 34 et 35), on a, par la considération de triangles semblables :

$$\frac{F'P'}{AP'} = \frac{H'P'}{F'P'} \quad \text{et} \quad \frac{A'F''}{A'P''} = \frac{F''E''}{F''P''},$$

ou, à cause des longueurs égales $F'P' = F''P''$ et $H'P' = E''F''$,

$$\frac{F'P'}{AP'} = \frac{A'F''}{A'P''},$$

ce qui peut s'écrire :

$$\frac{F'P'}{AP'} = \frac{A'P'' - P''F''}{A'P''} \quad \text{et} \quad \frac{F'P'}{AP'} = 1 - \frac{F''P''}{A'P''};$$

mais nous savons que l'on a :

$$\frac{F''P''}{F'P'} = \frac{v_1}{v_n} = k,$$

il vient donc :

$$\frac{v_n}{AP'} + \frac{v_1}{A'P''} = \frac{v_n}{F'P'} = \frac{v_1}{F''P''} \quad \text{ou} \quad \frac{1}{AP'} + \frac{k}{A'P''} = \frac{1}{F'P'} = \frac{k}{F''P''}.$$

Appelons α et φ' les abscisses de A et de F' par rapport à P', α' et φ'' les abscisses de A' et de F'' par rapport à P'' avec la convention des signes déjà adoptée, il vient :

$$\frac{v_1}{\alpha'} - \frac{v_n}{\alpha} = -\frac{v_n}{\varphi'} = \frac{v_1}{\varphi''} \quad \text{ou} \quad \frac{k}{\alpha'} - \frac{1}{\alpha} = -\frac{1}{\varphi'} = \frac{k}{\varphi''},$$

formule qui est générale et que l'on peut encore écrire :

$$\frac{\varphi''}{\alpha'} + \frac{\varphi'}{\alpha} - 1 = 0. \qquad (5)$$

47. — On pourrait donner une autre forme à cette relation; on y arrive plus rapidement à l'aide de la troisième construction. Il vient immédiatement par la considération de triangles semblables (fig. 38 et 39) :

$$\frac{AF'}{F'P'} = \frac{E'F'}{H'P'} \quad \text{et} \quad \frac{P''F''}{A'F''} = \frac{K''P''}{E''F''},$$

et, comme les seconds membres sont égaux,

$$\frac{AF'}{F'P'} = \frac{P''F''}{A'F''},$$

ce qui donne encore :

$$AF' \times A'F'' = P'F' \times P''F'',$$

formule semblable à celle que nous avons déjà trouvée.

En adoptant les mêmes notations et les mêmes conventions que nous avons indiquées précédemment, on peut écrire cette relation ainsi qu'il suit :

$$\lambda\lambda' = \varphi'\varphi''. \tag{4}$$

Cette formule et la précédente sont identiques aux formules (4, 5) indiquées pour le dioptre; il devait en être ainsi, d'ailleurs, puisque les dioptres ne diffèrent des systèmes centrés en général que parce que les plans principaux sont réunis en un seul, et que la distance de ces plans n'intervient pas dans l'établissement des formules.

En étudiant les divers cas qui peuvent se présenter, c'est-à-dire les diverses positions relatives des plans cardinaux d'une part et des points conjugués de l'autre, on reconnaîtrait que cette formule s'applique toujours : elle est générale. C'est, d'ailleurs, ce qui résultera directement d'une démonstration basée sur une autre méthode que nous indiquerons plus loin.

48. — On reconnaît aisément que la connaissance de deux points conjugués A et A' permet de suppléer dans les constructions à la connaissance d'un autre élément, par exemple d'un plan focal ou d'un plan principal.

Supposons que l'on connaisse les plans principaux P', P'' (fig. 41), le plan focal F'' et deux points conjugués A et A'; soit à cher-cher le rayon émergent corres-pondant au rayon incident RI'; celui-ci coupe le plan P' en I', le rayon émergent coupera donc

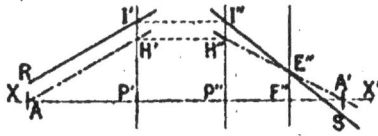

Fig. 41.

P'' à la même distance de l'axe, en I''. Mais, d'autre part, con-sidérons le rayon parallèle qui passe par A et qui coupe le plan principal en H'; le rayon émergent coupe le plan P'' en H'' à la même distance de l'axe, et, comme il doit passer en A', il est déterminé.

Les deux rayons incidents RI' et AH' étant parallèles, les rayons émergents correspondants se coupent sur le plan focal F''; le rayon H''A' coupe ce plan en E''; on a donc le rayon cherché I''S en joignant I'' à E''.

On trouverait des constructions analogues pour les autres cas.

49. *Plans antiprincipaux.* — Dans un système centré quel-conque, il existe, comme dans le cas du dioptre, des *plans anti-principaux*, plans conjugués tels qu'un rayon incident et le rayon émergent correspondant les coupent respectivement à la même distance de l'axe, mais de part et d'autre.

Soit un système centré (fig. 42), dont on connaisse les plans focaux et principaux F', F'', P', P''. Menons un rayon RI' pa-rallèle à l'axe; il donnera à l'émergence un rayon I''F'' que l'on obtient immédiatement. Prenons Q''F'' = F''P'' et me-nons la perpendiculaire Q''K'',

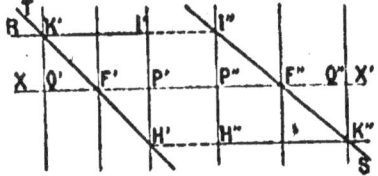

Fig. 42.

qui caractérise un plan perpendiculaire à l'axe; cherchons le conjugué de K''; il suffit de faire la même construction en sens inverse, en considérant le rayon K''H''H'F'T qui coupe en K' le premier rayon RI'; abaissons K'Q'. Les points K' et K'' sont conjugués: tous les rayons qui, à l'incidence, passent en K' passent en K″ à l'émergence et satisfont à la condition cherchée, car évidemment on a Q′K′ = Q″K″.

Mais on a par construction Q″F″ = F″P″ et l'on a évidemment Q′F′ = F′P′; les plans que nous venons de déterminer ne dépendent en rien du rayon incident primitivement choisi, et la propriété dont ils jouissent n'appartient pas seulement aux points K′ et K″, mais à tous les points de ces plans. Ces plans sont donc les plans antiprincipaux cherchés.

On voit que chacun d'eux est symétrique du plan principal correspondant par rapport au plan focal correspondant.

Il est facile de voir que les plans antiprincipaux peuvent remplacer les plans principaux dans les constructions : pour avoir les points correspondants des rayons incident et réfracté, il suffit de remarquer qu'ils sont toujours en ligne droite avec un point fixe, milieu de Q′Q″.

On peut aussi, par exemple, faire la construction du rayon émergent sans connaître les plans focaux, si l'on connaît les plans principaux et antiprincipaux.

50. *Plans cardinaux d'un système centré.* — Il résulte des démonstrations précédentes que les propriétés que nous avons supposé appartenir aux deux systèmes composants appartiennent également au système unique formé par leur réunion. Mais ces propriétés ont été démontrées directement pour le cas d'une et de deux surfaces réfringentes, donc elles sont générales.

Nous pouvons donc dire que, dans tout système centré, il existe :

Un *premier foyer principal*, sommet du faisceau émergent correspondant à un faisceau incident parallèle à l'axe — et un *premier plan focal* perpendiculaire à l'axe, passant par le premier foyer principal, lieu des premiers foyers secondaires;

Un *deuxième foyer principal*, sommet du faisceau incident correspondant à un faisceau émergent parallèle à l'axe — et un *deuxième plan focal*;

Deux *plans principaux*, tels que le point d'intersection d'un rayon incident avec le premier plan principal et celui du rayon émergent avec le deuxième plan principal sont à la même distance de l'axe et d'un même côté.

Deux *plans antiprincipaux*, tels que le point d'intersection d'un rayon incident avec le premier plan antiprincipal et celui du rayon émergent avec le deuxième plan antiprincipal sont à la même distance de l'axe, mais de part et d'autre de cet axe (*).

Les plans principaux sont conjugués.

Les plans antiprincipaux sont conjugués.

Les deux plans principaux sont de part et d'autre des plans focaux correspondants.

On appelle *distance focale* la distance d'un foyer principal au plan principal correspondant.

Le rapport de la deuxième distance focale à la première est égal à l'indice de réfraction du milieu dans lequel sort la lumière par rapport au milieu dans lequel elle arrive.

Chaque plan antiprincipal est symétrique du plan principal correspondant par rapport au plan focal correspondant.

Il existe encore d'autres points intéressants à signaler par leurs propriétés ; nous les étudierons par la suite. Ils sont moins importants, en général, que les plans définis précédemment qui, pris ensemble, ont reçu le nom de *plans cardinaux*.

51. — La manière même dont est déterminée la position des plans antiprincipaux, rapprochée de ce qui a été reconnu pour les plans principaux et les plans focaux, montre que les trois plans P′ F′ Q′ forment un premier groupe dans lequel F′ occupe toujours le milieu et dans lequel l'ordre est inverse de celui que l'on rencontre dans le deuxième groupe qui renferme les plans Q″F″P″.

En général, les distances F′P′ et F″P″ sont inégales, puisque leur rapport est égal à $\dfrac{v_n}{v_1} = \dfrac{1}{k}$. Elles ne sont égales que lorsque le dernier milieu est optiquement identique au premier

_____

(*) Exceptionnellement dans les *systèmes afocaux* (86) ces divers plans sont à l'infini.

$(v_1 = v_n)$; dans ce cas, les deux groupes P'F'Q' et Q''F''P'' sont constitués de la même façon, à l'ordre près (*).

Ajoutons que la position d'un groupe par rapport à l'autre est quelconque et varie suivant le système considéré. Comme nous l'avons déjà dit et comme nous le verrons plus loin, cette position relative ne présente aucun intérêt dans la presque totalité des discussions et n'est à considérer que pour certaines questions, importantes il est vrai, mais restreintes.

Il résulte de là qu'un groupe est déterminé lorsqu'on connaît deux des plans qui le composent et que le système est optiquement déterminé si l'on donne quatre plans cardinaux, deux de chaque groupe.

§ II. — Classification des systèmes centrés. Discussions.

52. *Constructions géométriques et conditions physiques.* — Avant d'indiquer la méthode à suivre pour la discussion et de signaler les principaux résultats, quelques remarques importantes sont à faire :

Sauf dans le cas du dioptre, la construction, qui permet de tracer aisément le rayon émergent correspondant à un rayon incident donné, ne renseigne pas sur la marche effective du rayon, car on n'utilise pas les surfaces d'incidence et d'émergence; dans le dioptre, les points d'incidence et d'émergence qui coïncident sont connus, la surface réfringente étant le plan principal même.

Si l'on se donnait ces surfaces, on pourrait déterminer les points d'incidence et d'émergence, et s'il n'y avait que trois milieux successifs dans le système considéré, en joignant ces points, on aurait le rayon réfracté à l'intérieur du système et la marche de la lumière serait absolument déterminée. Il n'en serait plus ainsi si le système considéré était formé de plus de deux surfa-

---

ces réfringentes : la marche du rayon à l'intérieur du système ne pourrait être connue par la construction générale. S'il arrivait, ce qui peut se présenter, que cette marche fût nécessaire à connaître, il faudrait considérer séparément chaque surface et suivre de proche en proche les changements éprouvés par le rayon considéré.

53. — Étant donné un faisceau incident, on peut trouver ce que devient ce faisceau après son passage dans un système centré déterminé par ses éléments cardinaux, puisqu'il suffit, par exemple, de déterminer ce que deviennent les rayons qui limitent le faisceau incident.

Mais, dans ces conditions, la question, complète au point de vue géométrique, ne l'est pas au point de vue physique : le faisceau incident déterminé par son sommet et la direction de ses rayons extrêmes sera, en réalité, divergent ou convergent, suivant que son sommet sera à gauche ou à droite de la surface d'incidence, la lumière étant toujours supposée venir de la gauche. Le premier cas correspond à un point lumineux réel; le second, à un point lumineux virtuel.

De même, le faisceau émergent, déterminé également par son sommet et ses rayons extrêmes, sera convergent ou divergent, suivant que ce sommet sera à droite ou à gauche de la surface d'émergence; dans le premier cas, ce sommet, image du point lumineux, est une image réelle; dans le second, c'est une image virtuelle.

La connaissance des plans cardinaux n'impliquant en rien celle des surfaces réfringentes, il ne sera donc pas possible, tant que l'on se bornera à une discussion générale, de rien préciser sur la nature, réelle ou virtuelle, du point lumineux ou de l'image : la question pourra être traitée complètement dans chaque cas particulier si l'on connaît les surfaces d'incidence et d'émergence.

54. — Cette remarque ne permet pas d'établir une classification des systèmes au point de vue de la convergence ou de la divergence, comme nous l'avons fait pour les dioptres (et comme on peut le faire pour les lentilles très minces); car il faudrait savoir si un faisceau parallèle à l'incidence devient convergent ou divergent à l'émergence, ce qui ne peut être précisé en général.

Ajoutons, d'ailleurs, que cette classification n'aurait pas la même simplicité : il n'arrive pas nécessairement qu'un système centré agisse de la même façon sur un faisceau parallèle, suivant que celui-ci le traverse dans un sens ou dans l'autre, tandis que l'effet est le même dans le cas du dioptre (et des lentilles minces).

Nous trouverons la base d'une classification dans la remarque suivante :

Les systèmes centrés que l'on considère ne sont pas indéfiniment étendus et la distance qui sépare les surfaces extrêmes est limitée. Il résulte de là que les points lumineux considérés très loin vers la gauche (côté d'où nous supposons que vient la lumière) sont certainement réels, que les faisceaux qui en émanent sont divergents;

Et, de même, que les images situées très loin vers la droite sont nécessairement réelles et que les faisceaux émergents qui y aboutissent sont convergents (ces faisceaux devenant nécessairement divergents au delà de ces images), tandis que les images situées très loin vers la gauche sont nécessairement virtuelles, les faisceaux qui y correspondent sont certainement divergents au sortir du système centré.

55. *Classification des systèmes centrés.* — Tant qu'il ne s'agit que de discussions générales et non d'un cas particulier, la valeur absolue des distances focales, des distances des plans cardinaux entre eux est sans intérêt, et l'ordre seulement de ces plans est à considérer. Cet ordre sera complètement connu si l'on se donne l'ordre de deux plans de l'un des groupes seulement, car cet ordre entraînera celui de tous les autres : nous prendrons, pour caractériser un système à ce point de vue, les deux plans F″ et P″. Il y aura, dès lors, deux classes de systèmes centrés à considérer, d'après l'ordre dans lequel se présentent ces plans dans le sens de la propagation de la lumière :

I. — Le plan principal du deuxième groupe P″ précède le plan focal F″; c'est ce que nous appellerons le *système direct*.

II. — Le plan focal du deuxième groupe F″ précède le plan principal P″; c'est ce que nous appellerons le *système inverse*;

Nous aurons à indiquer à quels caractères physiques correspond cette distinction, car jusqu'à présent cette classification est purement géométrique.

Les différences résultant de la position relative du premier et du second groupes sont sans grand intérêt au point de vue physique et ne peuvent être utilisées pour une classification susceptible d'être appliquée avec avantage.

56. *Déplacements simultanés de deux points conjugués.* — La relation qui existe entre les positions de deux points conjugués permet de se rendre compte du déplacement que subit l'un d'eux lorsque l'autre se déplace.

Soient deux points conjugués a et a', définis par leurs abscisses λ et λ' prises à partir des foyers f' et f''; on sait que l'on a :

$$\lambda\lambda' = \varphi'\varphi''.$$

Supposons que le point a soit amené en Λ; soient Λ' la nouvelle position de a' et Λ et Λ' les abscisses de ces points. Comme ils sont également conjugués, on a :

$$\Lambda\Lambda' = \varphi'\varphi''.$$

On tire de là :

$$\Lambda\Lambda' - \lambda\lambda' = 0,$$

que l'on peut écrire identiquement :

$$(\Lambda - \lambda)\Lambda' + (\Lambda' - \lambda')\lambda = 0.$$

D'où il vient enfin :

$$\frac{\Lambda - \lambda}{\Lambda' - \lambda'} = -\frac{\lambda}{\Lambda'} = -\frac{\lambda\Lambda}{\varphi'\varphi''}.$$

Mais φ' et φ'' sont de signe contraire; supposons que λ et Λ soient de même signe, c'est-à-dire que le déplacement ait lieu d'un même côté du foyer; alors $\Lambda - \lambda$ et $\Lambda' - \lambda'$ sont de même signe, c'est-à-dire que, tant que le premier point reste d'un même côté du foyer f', ce point et son conjugué se déplacent dans le même sens.

57. — On peut arriver au même résultat sans se servir des formules, en s'appuyant sur la construction géométrique qui donne le conjugué d'un point.

Soit RI' et I''S (fig. 34 et 35) un rayon incident et le rayon émergent correspondant : les point A et A' où ils rencontrent l'axe sont conjugués; pour nous rendre compte de leurs déplacements, il nous suffit, par exemple, de déplacer RI' parallèlement à lui-même. Le rayon réfracté passera toujours par E'', situé dans le plan focal et la position de A' dépendra de celle de I''.

On voit alors que lorsque le point A se meut de gauche à droite, par exemple, le point I' s'abaisse : il en est donc de même du point I''; le point A' est donc déplacé de la gauche vers la droite, c'est-à-dire dans le même sens que l'objet.

Bien entendu le même raisonnement s'applique au cas où le déplacement de A aurait lieu de droite à gauche.

On peut donc dire, d'une manière générale, que, dans un système centré quelconque, deux points conjugués se déplacent dans le même sens ou que : un point lumineux et son image se déplacent toujours dans le même sens.

58. *Discussion des systèmes centrés.* — Cette remarque jointe aux propriétés et plans cardinaux permet une discussion rapide.

Supposons qu'un point lumineux se déplace continuement de la gauche vers la droite : cherchons quelles sont les positions occupées successivement par l'image.

Les plans focaux, étant conjugués de l'infini, permettent d'établir une première division : le premier plan focal F' divise l'espace en deux régions (fig. 43, 1° et 2°) : la région I située à gauche et la région II située à droite, la lumière étant toujours supposée venir de la gauche. Lorsque le point lumineux parcourt l'espace I allant de

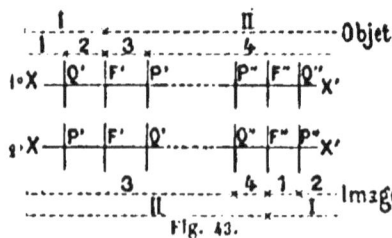
Fig. 43.

l'infini à gauche au premier foyer F', son image va du deuxième
foyer F" à l'infini à droite; puis, le point lumineux se déplaçant du premier foyer F' à l'infini à droite, son image se déplace
de l'infini à gauche au deuxième foyer F", de telle sorte que le
second plan focal établit pour les images une division de l'espace en deux régions II et I correspondant aux deux régions
indiquées pour les objets; seulement, il y a inversion dans l'ordre
dans lequel se présentent les régions correspondant à l'un et à
l'autre groupes.

Il est évident que la ligne séparant les régions du deuxième
groupe peut, d'ailleurs, occuper une position quelconque par
rapport à la ligne séparant les régions du premier groupe, puisqu'il en est ainsi pour les foyers.

59. — Mais les plans cardinaux, étant deux à deux conjugués,
permettent d'établir des subdivisions et d'obtenir ainsi des régions
moins étendues et qui se correspondent également. Les délimi-
tations de ces régions, l'ordre dans lequel elles se présentent
dépendent de la nature du système que l'on considère; mais en
désignant les régions du premier groupe, se rapportant aux
objets, par les numéros de 1 à 4, celles du deuxième groupe,
se rapportant aux images, se présentent toujours dans l'ordre 3,
4, 1, 2, les régions correspondantes portant le même numéro ;
chacune des grandes régions en contient deux petites.

On peut donc immédiatement indiquer comme suit la division
en régions :

Système direct (fig. 43, 1°) :

Premier groupe.	1	2	3	4
(Objets)	Q'	F'	P'
Deuxième groupe.	3	4	1	2
(Images).	P"	F"	Q"

Système inverse (fig. 43, 2°) :

Premier groupe	1	2	3	4
(Objets)	P'	F'	Q'
Deuxième groupe.	3	4	1	2
(Images).	Q"	F"	P"

La discussion de la position est donc très facile dans tous les cas, lorsque l'on connaît les plans cardinaux; mais, comme nous l'avons dit, cette discussion ne permet de rien savoir quant à la nature, réelle ou virtuelle, du point lumineux et de son image.

60. *Image d'une droite.* — Lorsque l'on se donne, non plus un point lumineux, mais un objet lumineux, indépendamment de la position de son image, il y a à examiner le sens de l'image par rapport à l'objet et sa grandeur.

Nous considérerons seulement des objets représentés par de petites droites perpendiculaires à l'axe; nous savons que les images seront également de petites droites perpendiculaires à l'axe; tous les points de l'objet sont alors dans une même région et il en est de même des points de l'image. Les positions de l'image et de l'objet sont déterminées par celles de leurs pieds (points où elles rencontrent l'axe), ces pieds étant des points conjugués.

L'image peut être de même sens que l'objet, c'est-à-dire que les points correspondants de l'objet et de l'image sont d'un même côté de l'axe : on dit alors que l'image est *droite*.

L'image peut être de sens contraire à l'objet, c'est-à-dire que les points correspondants de l'objet et de l'image sont de part et d'autre de l'axe : on dit alors que l'image est *renversée*.

A un autre point de vue, l'image peut être, en grandeur absolue, plus longue ou plus courte que l'objet : nous dirons dans le premier cas qu'elle est *agrandie*; dans le second, qu'elle est *diminuée*.

Le *grandissement* est le rapport de la longueur de l'image à celle de l'objet; il est plus grand ou plus petit que 1, suivant que l'image est agrandie ou diminuée; il est égal à 1, si l'image est égale à l'objet.

61. — Soit un système quelconque, défini par ses plans cardinaux P'F', P"F" (fig. 44 à 47); cherchons l'image d'un objet AB, et pour cela déterminons l'image de B. Menons le rayon horizontal BH"; il coupera le plan P" en un point H" et passera au foyer F"; il sera donc déterminé en H"S. Prenons ensuite le rayon BF′ qui coupe le plan P′ en K′, il sortira horizontale-

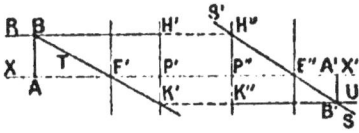

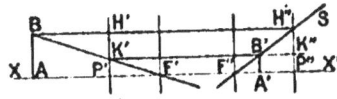

Fig. 44 et 45. Fig. 46 et 47.

ment en K′K″U. Le point B′ d'intersection de ces deux rayons sera l'image de B ; on aura donc en A′B′ l'image de AB.

Il est à remarquer que la grandeur et la position de l'image A′B′ par rapport à F″ ne dépendent en rien de la position du groupe des trois plans Q″F″P″ par rapport au groupe P′F′Q′. Cette remarque subsiste pour toute la discussion que nous allons faire, et à une position donnée de AB par rapport à F′ correspond une image A′B′, dont la grandeur, le sens et la position, par rapport à F″, ne dépendent en rien, ni de la distance F′F″, ni de la position de F′ par rapport à F″.

C'est cette indépendance des effets observés et de la position relative des groupes des premiers et des seconds plans cardinaux qui explique la simplicité des formules que nous avons indiquées.

62. *Discussion.* — Remarquons que, lorsque l'objet AB se déplace parallèlement à lui-même, le rayon incident BH′ ne change pas ; il en sera donc de même du rayon réfracté correspondant H″S. Cette droite, prolongée, est donc le lieu des images du point B ; nous la désignerons d'une manière abrégée sous le, nom de *caractéristique* de l'objet AB.

D'autre part, l'image A′B′ est égale à P′K′, dont il suffit d'étudier les variations de grandeur et de sens par rapport à AB, variations que montre immédiatement la comparaison des triangles semblables ABF′, K′P′F′. On voit immédiatement que K′P′ est de même sens que AB, tant que AB est du même côté que P′, par rapport au foyer F′, et que K′P′ est de sens contraire à

AB, lorsque AB est par rapport à F″ du côté opposé à P′ (c'est-à-dire du côté du plan antiprincipal) (**21**).

Mais, d'autre part, la partie de la caractéristique qui est du même côté de l'axe que B et qui donne des images droites est celle qui coupe le plan P″ en H″. Les images droites se trouvent donc du même côté du foyer F″ que le plan principal P″ ; les images renversées se trouvent du côté de F″ opposé à celui de P″ (c'est-à-dire du côté du plan antiprincipal Q″).

Ces remarques étaient, d'ailleurs, faciles à prévoir, d'après les propriétés des plans principaux et antiprincipaux. La grandeur de l'image est liée à sa position et, par suite, à celle de l'objet. par le fait que l'image est constamment comprise entre l'axe principal et la caractéristique de l'objet (l'objet étant une petite droite perpendiculaire à l'axe et limitée à cet axe); l'image sera donc d'autant plus grande qu'elle sera plus éloignée du foyer F″. Comme on sait, d'autre part, qu'il y a égalité quand elle est dans le plan principal P″ et dans le plan antiprincipal Q″ (au sens près), on reconnaît immédiatement les conditions pour que l'image soit agrandie ou diminuée.

63. — La discussion détaillée peut alors se résumer aisément comme il suit :

Système direct :

Système caractérisé par l'ordre P″F″Q″ (et Q′F′P′) ou simplement par P″F″ :

Objet.		Image.		
Position.	Position.	Sens.	Grandeur.	
∞	F″		Nulle.	Diminuée.
Q′	Q″	Renversée.	Égale à l'objet.	
F′	∞		Infinie.	Agrandie.
P′	P″		Égale à l'objet.	
− ∞	F″	Droite.	Nulle.	Diminuée.

Système inverse :

Système caractérisé par l'ordre Q″F″P″ (et, par conséquent,
P′F′Q′) ou simplement par F″P″ :

Objet.	Image.		
Position.	Position.	Sens.	Grandeur.
+ z	F″	Droite.	Nulle. — Diminuée.
P′	P″		Égale à l'objet.
F′	∞		Infinie. — Agrandie.
Q′	Q″	Renversée.	Égale à l'objet.
— z	F″		Nulle. — Diminuée.

64. *Caractères physiques des systèmes directs et inverses.* —
On dit qu'un système est convergent dans un sens donné lorsqu'un faisceau parallèle, arrivant dans ce sens, est transformé
en un faisceau convergent, lorque le foyer correspondant est réel.
Un système est divergent dans ce sens, dans le cas contraire.

D'après ce que nous avons dit précédemment, les indications
relatives aux plans cardinaux ne permettent pas de décider si
un système est convergent ou divergent dans un sens déterminé.

Il peut y avoir intérêt cependant à caractériser par des propriétés physiques les deux espèces de systèmes centrés que
nous avons été conduits à distinguer par des propriétés géométriques. Nous trouverons ce caractère dans les résultats de la
discussion précédente, en précisant le sens de certaines images
convenablement choisies.

En se plaçant à ce point de vue, on peut dire que :

Le système *direct* est caractérisé par ce que les *grandes* images
virtuelles sont de même sens que l'objet ;

Le système *inverse* est caractérisé par ce que les *grandes*
images virtuelles sont de sens contraire à l'objet.

On pourrait évidemment établir cette distinction en considérant les grandes images réelles; mais comme, dans la plupart
des cas, on utilise les images virtuelles dans les instruments

d'optique, il nous a paru préférable de baser la classification que nous indiquons sur les images virtuelles.

65. *Formules.* — Les indications qui résultent de la discussion sommaire que nous venons de faire peuvent ne pas être suffisantes dans quelques cas; il est facile de les compléter en trouvant la position exacte et la grandeur de l'image d'un objet de grandeur et de position données.

La position sera donnée par l'une des formules précédemment trouvées et que l'on peut aisément déterminer directement.

Nous reportant à la figure 44, on a, à cause des triangles semblables F'P'K' et F'AB et par suite de l'égalité A'B' = P'K' :

$$\frac{P'K'}{AB} = \frac{P'F'}{AF'} \quad \text{ou} \quad \frac{A'B'}{AB} = \frac{P'F'}{AF'} = \frac{P'F'}{AP' - P'F'} \cdot$$

Le rapport de l'image à l'objet sera donc déterminé si l'on connaît la distance focale F'P' et la position de A, définie soit par la distance AF', soit par la distance AP'.

La considération des triangles B'A'F" et F"P"H" conduirait à une autre équation, où entrerait P"F" :

$$\frac{A'B'}{AB} = \frac{A'F"}{P"F"} = \frac{A'P" - P"F"}{P"F"} \cdot$$

Pour déduire de là des formules générales, applicables à tous les cas, convenons de définir les points B et B' par leurs ordonnées, distances de ces points à l'axe, avec la convention que ces distances soient affectées du signe + lorsque le point est au-dessus de l'axe et du signe — en cas contraire. Soient O et I ces ordonnées, dont les valeurs arithmétiques mesurent la grandeur de l'objet et de l'image et dont le signe fait connaître le sens de celles-ci. Les formules précédentes deviennent :

$$\frac{I}{O} = -\frac{\varphi'}{\lambda} = -\frac{\lambda'}{\varphi"}, \qquad \text{d'où :} \qquad \lambda\lambda' = \varphi'\varphi",$$

et :

$$\frac{I}{O} = \frac{\varphi'}{\lambda - \varphi'} = -\frac{\lambda' - \varphi"}{\varphi"}, \qquad \text{d'où :} \qquad \frac{\varphi'}{\lambda} + \frac{\varphi"}{\lambda'} = 1.$$

Une étude détaillée montre que ces formules sont complètement générales. Elles sont identiques à celles que nous avons trouvées pour les dioptres (**26**) pour les raisons que nous avons indiquées précédemment (**49**).

Ces formules permettent de déterminer le grandissement dans tous les cas, de calculer la position et la grandeur, et de déterminer le sens de l'image d'un objet donné.

66. *Puissance d'un système centré.* — Dans un système centré quelconque, comme dans un dioptre, il existe la relation :

$$\frac{I}{O} = -\frac{\lambda'}{\varphi''},$$

entre la grandeur I de l'image d'un objet donné O, son abscisse λ' par rapport au deuxième foyer F''' et la distance focale correspondant au même foyer.

On est conduit, de la même façon, à considérer la quantité $\pi'' = \frac{1}{\varphi''}$, *puissance* du système, puissance qui a la même signification géométrique et qui s'exprime à l'aide de la même unité, la dioptrie (**36**).

On aura donc la formule :

$$I = -\pi'' O \lambda'.$$

Comme dans le dioptre également, il y a à considérer deux puissances, correspondant aux deux distances focales.

Dans le cas seulement où le milieu d'où sort la lumière est identique au milieu incident, les deux puissances ont la même valeur. Il suffit de donner l'une d'elles, celle correspondant au foyer F''. par exemple.

67. *Systèmes centrés équivalents.* — Deux systèmes centrés, qui ont les plans cardinaux disposés dans le même ordre et placés à la même distance, ne se distinguent pas au point de vue de l'optique géométrique; un rayon incident déterminé donnera la même position et la même direction pour le rayon émergent, puisque la construction de ce rayon émergent ne dépend que des plans cardinaux. Ces systèmes sont dits *équivalents*.

Il importe de remarquer que, malgré l'équivalence, deux systèmes centrés peuvent produire des effets physiques différents; car, comme nous l'avons dit, il faut, à ce point de vue, tenir compte de la position de la première et de la dernière surfaces réfringentes et, malgré l'identité de position des plans cardinaux, ces surfaces peuvent occuper des situations très différentes dans les deux systèmes.

Une différence d'un autre ordre peut également se manifester par la valeur différente de l'aberration de sphéricité que présentent les deux systèmes.

68. — Pour que deux systèmes soient équivalents, il faut d'abord que les valeurs des distances focales soient les mêmes; cette condition implique que le premier et le dernier milieux sont deux à deux identiques ou au moins que, dans les deux systèmes, il y ait même valeur pour l'indice de réfraction du dernier milieu par rapport au premier, puisque nous avons vu que le rapport des distances focales est égal à cet indice.

Aucune condition n'est imposée pour les milieux intermédiaires.

Il résulte de là qu'on ne saurait considérer comme équivalents, par exemple, un dioptre et une lentille, car, dans cette dernière, les distances focales sont égales, ce qui n'existe pas pour les dioptres.

L'œil est un système centré dont le premier milieu est l'air et le dernier, l'humeur vitrée, dont l'indice de réfraction est 1,11 et qui contient, en outre, des milieux intermédiaires. On ne saurait donc, même pour une étude élémentaire, expliquer les phénomènes optiques qui s'y produisent, en remplaçant l'œil par une lentille.

Par contre, il n'est pas impossible de remplacer l'œil par un dioptre unique, dont les deux milieux seraient l'air et l'humeur vitrée. Mais cette substitution n'est pas nécessairement possible, car on ne peut pas toujours trouver un dioptre unique, qui soit équivalent à un système complexe dans ces conditions.

Pour que l'équivalence existe, il faut que les deux plans principaux du système complexe soient confondus en un seul, puisque nous savons que la surface réfringente du dioptre représente un plan principal double.

Si les plans principaux ne sont pas absolument en coïncidence, mais que, comme il arrive dans l'œil, ils soient très rapprochés, on pourra avec une exactitude suffisante en général les remplacer par un plan unique, qui serait à égale distance des plans principaux. Ce plan unique sera la surface réfringente du dioptre équivalent.

Les plans principaux étant très rapprochés l'un de l'autre, il en sera de même des points nodaux ; on pourra, de la même façon, approximativement les remplacer l'un et l'autre par un point unique situé à égale distance des deux. Ce point se trouvera alors être le centre du dioptre, car nous savons que ce centre équivaut à un point nodal double.

Le dioptre sera donc absolument déterminé.

Ces conditions, qu'on rencontre dans l'œil, ne se trouvent pas réalisées dans tous les systèmes et, par conséquent, on ne peut pas, d'une manière générale, remplacer un système centré quelconque par un dioptre unique.

Une remarque analogue peut être faite pour les systèmes centrés dont le premier et le dernier milieux sont l'air ; ce n'est que très exceptionnellement qu'on peut les remplacer par une lentille, parce que la distance des plans principaux entre eux est toujours petite dans les lentilles, différant peu de l'épaisseur des lentilles mêmes, tandis que, dans les appareils formés par la combinaison de lentilles, la distance de ces plans peut être très grande.

§ III. — Points cardinaux dans les systèmes centrés.

69. *Points nodaux.* — Les plans cardinaux, principaux et antiprincipaux, que nous avons étudiés et dont la connaissance conduit pour tous les systèmes centrés à des constructions et à des discussions simples, ne sont pas les seuls éléments présentant des propriétés particulières susceptibles d'être utilisées dans un grand nombre de cas, bien que, à notre avis au moins, ces derniers soient moins commodes que les plans, en général.

En tout cas, leur connaissance complète heureusement les données qui caractérisent un système centré et permet de mettre en évidence une régularité de disposition des éléments cardinaux, points et plans, régularité qui ne se manifeste pas aussi complètement lorsque l'on considère les plans seulement.

Les points dont nous voulons parler sont ceux auxquels Gauss a donné le nom de *points nodaux* et ceux que nous appellerons, par analogie, *points antinodaux*.

L'existence de ces points est très facile à mettre en évidence lorsque l'on connaît les plans focaux et les plans principaux d'un système. Nous allons donc nous occuper de ces points, seulement dans le cas général d'un système quelconque, pour lequel nous avons démontré l'existence des plans focaux et des plans principaux.

70. — Il existe dans un système centré quelconque deux points conjugués tels que tout rayon incident qui passe par le premier donne un rayon émergent passant nécessairement par le deuxième et parallèle au rayon incident.

Ces points sont appelés *points nodaux*.

Nous allons démontrer qu'ils existent (fig. 48).

Menons par les foyers deux parallèles quelconques F'I' et F"H"; par les points I' et H", où elles rencontrent les plans principaux P' et P", menons deux parallèles à l'axe, I'E" et H"E', coupant en E" et E' les plans focaux F" et F'. Par les points E' et E", menons des parallèles à la direc-

Fig. 48.

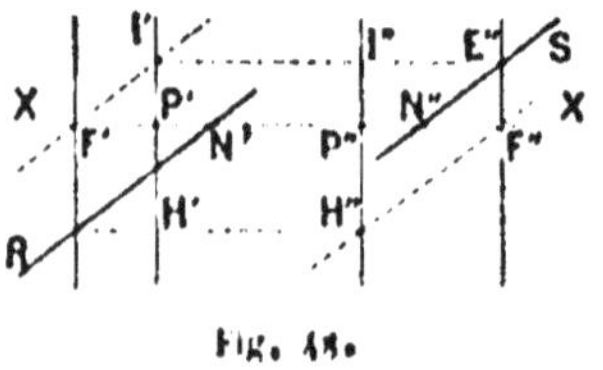

tion donnée RN' et N"S; ces deux rayons sont l'un RN' le rayon incident, l'autre N"S le rayon émergent correspondant, car la figure que nous avons tracée est précisément celle qui servirait à chercher le rayon émergent correspondant à un rayon incident donné, sans utiliser les points d'intersection de ces rayons avec des plans principaux (46).

Les points d'intersection de ces rayons avec l'axe (N' et N") sont des points conjugués; ils satisfont à la condition proposée pour la direction choisie. Il est facile, en outre, de reconnaître que leur position est indépendante de cette direction.

En effet, les triangles égaux F"P'I' et N"F"E" montrent que l'on a F"N" = FP'; la position de N" ne dépend donc en rien de la direction qui a été choisie; il en est de même de N', car les triangles égaux N'F'E' et F"P"H" donnent F'N' = F"P", valeur qui ne dépend en rien de la direction primitivement choisie.

Les points N' et N" satisfont donc bien aux conditions imposées; ce sont les points nodaux.

On voit que la distance d'un point nodal au foyer correspondant est égale à la distance de l'autre plan principal à l'autre foyer.

71. — En étudiant les divers cas qui peuvent se présenter, on reconnaît aisément qu'un point nodal et le plan principal correspondant sont toujours d'un même côté du foyer qui leur correspond. Il faut, en effet, toujours que les rayons correspondants RN' et N"S coupent les plans principaux du même côté de l'axe, ce qui, à cause du parallélisme de ces droites, exige que les points P' et N' soient dans le même ordre que P" et N".

Les intersections avec les plans principaux en J' et J" devant se trouver, en outre, à la même distance de l'axe, on a P'N' = P"N". Cette propriété aurait pu se déduire directement de la propriété précédente. Il en résulte que :

La distance d'un point nodal au plan principal correspondant est égale à la différence des distances focales.

72. *Droites de direction.* — Les points N' et N" peuvent avoir des positions quelconques, l'un par rapport à l'autre. Exceptionnellement, ils peuvent coïncider, ce qui entraîne évidemment la coïncidence des plans principaux ou réciproquement. C'est le cas des dioptres où le centre représente les deux points nodaux réunis en un seul.

Si nous considérons une série de rayons formant un faisceau dont le sommet serait en N', les rayons émergents formeront un faisceau ayant son sommet en N″ et seront respectivement parallèles aux rayons incidents. Si ces faisceaux sont des cônes de révolution, leurs axes seront parallèles et ils auront même ouverture.

On désigne sous le nom de *droites de direction* deux rayons parallèles se correspondant et passant l'un par N', l'autre par N″.

Les axes secondaires des dioptres sont les analogues des couples des droites de direction.

Étant donné un objet limité par l'axe d'une part et dont l'autre extrémité est sur une première droite de direction, son image sera comprise nécessairement entre l'axe et la deuxième droite de direction, parallèle à la première. Cette propriété peut être utilisée dans les discussions.

On peut employer avantageusement les droites de direction dans un grand nombre de constructions, ces constructions présentant une grande analogie avec celles que les axes secondaires fournissent dans les dioptres.

73. — Les points nodaux étant conjugués peuvent servir, d'après les méthodes générales, à trouver le rayon émergent correspondant à un rayon incident donné. Mais ce sont des points conjugués particuliers et, à cause de cela, ils permettent l'emploi de méthodes spéciales. C'est ainsi que, joints aux plans focaux, ils suffisent pour résoudre cette question.

Soit RE' (fig. 49) le rayon incident; menons la droite de direction parallèle HN', elle donnera à l'émergence la parallèle N″E″; son point d'intersection E″ avec le plan focal

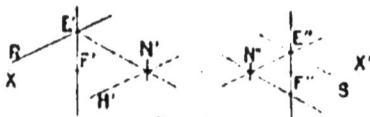

Fig. 49.

appartient au rayon réfracté cherché.

D'autre part, soit E' l'intersection du rayon incident avec le plan focal; menons la droite de direction E'N'. Les rayons émergents correspondants sont parallèles; mais l'un d'eux est

la droite de direction N"K, parallèle à E'N'; sa direction est donc
celle du rayon émergent E"S, que l'on peut tracer immédiatement.

Il est intéressant de remarquer qu'au point de vue graphique
la construction peut être très rapide, car il est en réalité inutile de tracer les lignes H'N' et N"K.

Les points nodaux peuvent également servir à trouver l'image
d'une droite AB (fig. 50). Menons, en effet, la droite de direc-

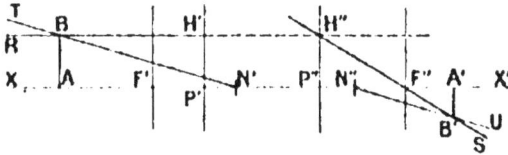

Fig. 50.

tion BN'; l'image B' doit se trouver sur la droite de direction
correspondante N"U, menée par N" parallèlement à BN'. Il suffira, dès lors, de trouver un autre lieu de B'; par exemple, en
traçant l'horizontale BH'H", qui donne la caractéristique H"S : le
point B' se trouve à l'intersection des droites N"U et H"S.

74. *Centre optique.* — Il est aisé de déterminer directement les
points nodaux d'un système formé par la réunion de deux systèmes, définis chacun, par exemple, par leurs plans focaux et
leurs plans principaux.

Menons par f_1' et f_2'' (fig. 51) deux droites parallèles $f_1'H_1'$ et

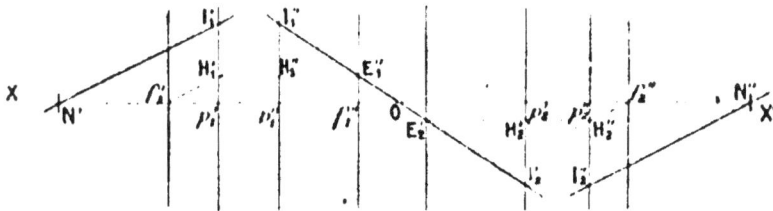

Fig. 51.

$f_2''H_2''$: par les points H$_1'$ et H$_2''$ menons des parallèles à l'axe que
nous arrêterons respectivement en E$_1''$ et E$_2'$, à leur intersection
avec les plans f_1'' et f_2'. Joignons les points E$_1''$ et E$_2'$. Soit la

droite $I_1''I_2'$. Nous pouvons chercher par l'une des constructions indiquées le rayon incident correspondant à cette droite dans le premier milieu, et le rayon émergent dans le dernier milieu.

Le premier rayon doit passer par I_1' situé dans le plan p_1', à la même hauteur que I_1'', et être parallèle à $H_1'f_1'$. C'est donc la droite $I_1'N'$ qui coupe l'axe en N'.

On aurait de même en $I_2''N''$ le rayon émergent, qui coupe l'axe en N''.

Mais le rayon incident $I_1'N'$ et le rayon émergent $I_2''N''$ sont respectivement parallèles aux droites $f_1'H_1'$ et $f_2''H_2''$, parallèles par construction; donc le rayon incident et le rayon émergent correspondant sont parallèles.

Si l'on a prouvé à l'avance l'existence des points nodaux, on voit immédiatement que N' et N'' sont précisément ces points. Dans le cas contraire, on reconnaîtrait aisément par la considération de triangles semblables que la position de ces points est indépendante de la direction primitivement choisie, ce qui prouverait l'existence de ces points nodaux et permettrait de calculer leur position.

Mais, de plus, on peut reconnaître que le rayon $I_1''I_2'$ entre les deux systèmes passe par un point fixe O de l'axe. On a, en effet, par les triangles semblables $Of_1''E_1''$ et $Of_2'E_2'$:

$$\frac{f_1''O}{Of_2'} = \frac{E_1''f_1''}{E_2'f_2'} ;$$

et par les triangles $f_1'p_1'H_1'$ et $f_2''p_2''H_2''$,

$$\frac{f_1'p_1'}{p_2''f_2''} = \frac{p_1'H_1'}{p_2''H_2''} ;$$

et, par suite :

$$\frac{f_1''O}{Of_2'} = \frac{f_1'p_1'}{p_2''f_2''} .$$

Le point O divise donc la droite $f_1''f_2'$ en parties proportionnelles à $f_1'p_1'$ et $p_2''f_2''$; cette valeur est indépendante de la direction choisie au début pour faire la construction; donc O est un point fixe. On l'appelle le *centre optique* du système.

L'équation précédente permettrait de déterminer aisément la position de ce point : la formule à laquelle on arrive est sans intérêt.

75. — Il est bien entendu que $I_1''L_2'$ représente la direction du rayon entre les deux systèmes, sans que nous sachions quelle est la partie qui correspond effectivement au rayon existant réellement.

Nous pouvons donc dire :

Lorsqu'un rayon incident arrive sur un système composé, de manière que sa direction passe par le premier point nodal N', il est réfracté entre les deux systèmes composants et sa direction passe par le centre optique; puis, à l'émergence, il redevient parallèle au rayon incident et sa direction passe par le second point nodal.

Comme il en est de même pour tous les rayons qui passent en N', on peut dire encore :

Lorsqu'un faisceau incident a son sommet au premier point nodal N', le rayon réfracté après le premier système composant a son sommet au centre optique et le faisceau émergent a son sommet au deuxième point nodal N″, chacun des rayons de celui-ci étant parallèle à un rayon du faisceau incident.

Autrement dit encore, le centre optique est l'image du premier point nodal à travers le premier système, et le deuxième point nodal est l'image du centre optique à travers le deuxième système composant.

Le centre optique ne présente pas, d'ailleurs, un intérêt qui rende son étude nécessaire.

76. *Points antinodaux.* — Enfin, dans les systèmes centrés quelconques, comme dans les dioptres, il existe des *points antinodaux*, points conjugués tels qu'un rayon incident qui passe par le premier et le rayon émergent qui passe par le second sont inclinés sur l'axe d'un même angle, mais en sens contraire.

Démontrons qu'il existe de semblables points.

Menons par F″ (fig. 52) et par F″ deux droites F″I′ et F″II″ éga-

lement inclinées sur l'axe, mais en sens contraire, les angles
I'F'P' et H"F"P" étant égaux.

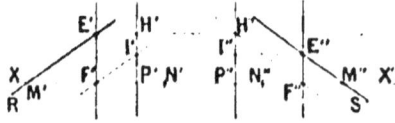

En appliquant la troisième
construction donnée précédemment, nous pouvons
trouver deux rayons se cor-
respondant et parallèles respectivement à F'I' et H"F". Pour
cela, menons I'E" parallèle à l'axe et par le point E", intersection
avec le plan focal F", menons une parallèle à H"F", c'est le
rayon émergent. Menons, d'autre part, H"E' parallèle à l'axe et
coupant le plan focal F' en E'; le rayon mené par E' parallèlement à I'F' est le rayon incident cherché.

Les deux rayons RE' et E"S sont conjugués, ainsi que le montre
la figure qui réunit ces lignes, si on la compare à celle qui indique la construction générale; de plus, ils satisfont bien à la
condition demandée, puisqu'ils sont parallèles à F'I' et H"F", qui
y satisfont.

Ces rayons coupent l'axe en M' et M"; nous disons que ce sont
les points antinodaux cherchés.

En effet, la considération des triangles égaux E'F'M' et H"P"F",
d'une part, et E"F"M" et I'F'P', d'autre part, montre que l'on a
MF' = P"F" et M"F" = F'P'. Ces conditions étant entièrement
indépendantes de la direction choisie primitivement, les points M'
et M" satisfont à la condition imposée, pour toutes les directions;
ce sont donc bien les points antinodaux.

Les rayons correspondants passant par M' et M" devant couper
les plans principaux P' et P" d'un même côté de l'axe, et ces
rayons ayant des inclinaisons inverses, il en résulte que les
points M' et P' se présentent toujours en ordre inverse de M" et P".

On voit immédiatement qu'un point antinodal est symétrique
du point nodal correspondant par rapport au plan focal correspondant.

L'ordre de ces points et plans est toujours inverse pour le premier et le second groupes.

Les rayons correspondants passant en M' et M" devant couper
les plans principaux P' et P" à la même distance de l'axe, on

Fig. 51.

voit que l'on a M'P' = M"P". Les distances de chaque point antinodal au plan principal correspondant sont égales; elles sont
égales à la somme des distances focales.

Les points antinodaux pourraient servir à la construction
des rayons réfractés, mais d'une manière moins commode que
les points nodaux : il n'y a pas lieu d'insister.

77. *Éléments cardinaux d'un système centré.* — En résumé,
nous avons reconnu dans un système centré quelconque l'existence :

D'un premier plan focal et d'un deuxième plan focal, l'un et
l'autre conjugués de l'infini;

De deux plans principaux, conjugués;

De deux plans antiprincipaux, conjugués;

De deux points nodaux, conjugués;

De deux points antinodaux, conjugués.

Ces dix éléments sont répartis en deux groupes (fig. 53) ayant
chacun un plan focal pour axe.

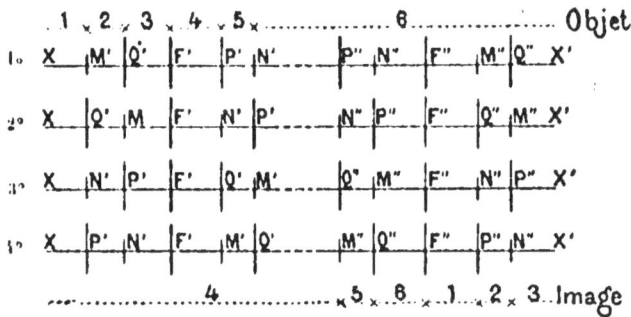

Fig. 53.

Dans chaque groupe :

Le plan principal et le plan antiprincipal sont symétriques;

Le point nodal et le point antinodal sont symétriques.

Le point nodal et le plan principal sont toujours d'un même
côté du foyer; le point antinodal et le plan antiprincipal sont ensemble de l'autre côté du plan focal.

Si l'on compare les deux groupes, on reconnaît que l'ordre
des plans ou des points que rencontre successivement la lumière
est inverse dans l'un des groupes de ce qu'il est dans l'autre.

Enfin, les distances entre les éléments d'un groupe sont les mêmes que les distances entre les éléments de l'autre groupe, seulement il y a interversion entre les points et les plans.

78. — Il résulte de là qu'un groupe est complètement déterminé quand on connaît trois des éléments qui le composent.

On reconnaît aisément que si l'on considère les deux groupes, il suffit de connaître quatre éléments :

1° Soit trois éléments non symétriques d'un groupe et un élément du deuxième groupe : le premier est alors absolument déterminé par lui-même et le second se trouve déterminé, puisqu'on en connaît un point et les distances qui y entrent.

2° Soit deux éléments de chaque groupe, mais à la condition seulement que les éléments considérés ne soient pas tels que la distance des éléments de l'un des groupes soit égale à la distance des éléments de l'autre groupe.

En se basant sur les éléments cardinaux que nous venons de définir, on reconnaît qu'il y a quatre dispositions qui peuvent se rencontrer (fig. 53) :

I. — Dans le premier groupe, le plan focal est avant le plan principal :

1° La première distance focale est plus petite que la deuxième;

2° La première distance focale est plus grande que la deuxième;

II. — Dans le premier groupe, le plan focal est après le plan principal :

3° La première distance focale est plus petite que la deuxième;

4° La première distance focale est plus grande que la deuxième.

Ajoutons qu'il y a encore des distinctions à établir, mais elles sont moins importantes, suivant la position relative du deuxième groupe par rapport au premier.

79. — Les résultats précédents se simplifient dans le cas où le premier milieu est de même nature que le dernier, cas qui se présente le plus souvent, car c'est celui des lentilles et des instruments d'optique, en général au moins.

Dans ce cas, en effet, les distances focales deviennent égales ;

il en résulte que le point nodal vient en coïncidence avec le plan principal correspondant, et le point antinodal avec le plan antiprincipal. Les deux groupes d'éléments cardinaux se réduisent chacun à trois plans et ils sont identiques l'un à l'autre, sauf l'ordre des plans qui reste inverse.

Dans ce cas, le système centré sera complètement déterminé si l'on se donne trois éléments, deux d'un groupe et un de l'autre groupe.

Le nombre des dispositions qui peuvent se rencontrer est réduit à deux pour l'ordre des éléments cardinaux dans chaque groupe ; on peut les caractériser ainsi :

1° Dans la première disposition, le plan focal est avant le plan principal ;

2° Dans la deuxième disposition, le plan focal est après le plan principal.

Comme dans le cas général, d'ailleurs, les deux groupes peuvent occuper des positions diverses l'un par rapport à l'autre.

80. — La connaissance des points nodaux et antinodaux, sans rien changer aux indications générales que nous avons données (**63**), permet de préciser un peu plus la discussion. En effet, ces points, étant deux à deux conjugués, permettent de diviser l'espace en régions plus resserrées.

En tenant compte de ces points, on voit que, pour chaque groupe d'éléments cardinaux, chacune des deux grandes régions que détermine le plan focal se trouve subdivisée en trois régions : d'une part, par le plan principal et le point nodal ; d'autre part, par le plan antiprincipal et le point antinodal (fig. 53).

L'ordre dans lequel les divers éléments cardinaux limitent ces régions dépend de la nature du système considéré. Mais on peut dire que, désignant les régions du premier groupe se rapportant aux objets par les numéros de 1 à 6, celles du deuxième groupe se rapportant aux images se présentent toujours dans l'ordre 4, 5, 6, 1, 2, 3; les régions correspondantes ayant le même numéro.

CHAPITRE III

ÉTUDE GÉOMÉTRIQUE DES LENTILLES

§ I. — Propriétés des lentilles.

81. *Des lentilles; généralités.* — Parmi les systèmes centrés les plus intéressants, il y a lieu de s'arrêter spécialement à ceux dans lesquels le premier et le dernier milieux sont de même nature, l'air en général, et plus particulièrement aux lentilles et combinaisons de lentilles.

Les lentilles qui sont les plus simples de ces systèmes sont des blocs d'une matière plus réfringente que l'air limité par des surfaces sphériques (*).

Une des surfaces sphériques peut être remplacée par une surface plane.

Il résulte de là que, au point de vue optique, une lentille peut toujours être considérée comme formée par la réunion de deux dioptres.

Nous considérerons d'abord les lentilles au point de vue géométrique, en déterminant les formes qu'elles peuvent présenter; bien entendu, nous nous bornerons à étudier une section méridienne.

(*) Il existe des lentilles présentant des surfaces d'autres formes, notamment des surfaces cylindriques; nous ne nous en occuperons pas ici.

82. — Il faut, pour éviter ou tout au moins pour diminuer l'aberration de sphéricité, que les faces aient peu d'amplitude, que leur ouverture angulaire soit petite.

Cette condition ne limite en rien l'épaisseur des lentilles, même dans le cas où les faces se coupent, car il n'est pas nécessaire que ces faces soient continuées jusqu'à leur intersection matérielle. Mais, à un autre point de vue, il est intéressant que les lentilles soient minces, car il y a absorption de lumière par la masse réfringente et cette absorption affaiblit rapidement l'intensité lumineuse.

Nous supposerons donc toujours que l'épaisseur est petite par rapport à chacun des rayons; nous supposerons également qu'elle est petite par rapport à la distance des centres. Cette condition, pour une lentille mince, est une conséquence de la première si les centres sont de part et d'autre de la lentille, mais non pas si ces centres sont d'un même côté (ménisques); seulement, dans ce cas, si la distance des centres est à peu près égale à l'épaisseur de la lentille, celle-ci s'écarte peu d'un système afocal (**50**). Ces formes ne sont jamais employées, et nous admettrons donc toujours que l'épaisseur de la lentille est petite par rapport aux autres grandeurs que nous aurons à considérer.

83. *Formes diverses des lentilles.* — Cherchons quelles sont les diverses formes que peuvent présenter les lentilles.

Chaque face peut être convexe, concave ou plane; toutefois, les deux faces ne peuvent être planes à la fois.

Quand on parle spécialement des lentilles, la convexité ou la concavité n'est pas considérée pour la deuxième face par rapport au sens dans lequel se propage la lumière, mais par rapport au milieu extérieur, l'air.

Supposons d'abord qu'aucune des faces ne soit plane.

I. — La première face est convexe, c'est-à-dire que le centre c_1 est à droite de la lentille. Plusieurs cas sont à distinguer, d'après la deuxième face.

Lorsque la deuxième face est concave, son centre c_2 étant à droite de la lentille, celle-ci est appelée un *ménisque*.

1° Si le rayon de la deuxième face est plus grand que celui de la première, les deux surfaces se coupent et le ménisque est dit *convergent* (fig. 54).

2° Si le rayon de la deuxième face est plus petit que celui de la première, les deux surfaces ne se coupent pas et le ménisque est dit *divergent* (fig. 55).

Nous donnerons plus loin l'explication de ces épithètes. Mais un autre cas peut encore se présenter :

3° La deuxième face est convexe, son centre c_2 est à gauche ; les deux surfaces se coupent ; la lentille est dite *biconvexe* (fig. 56).

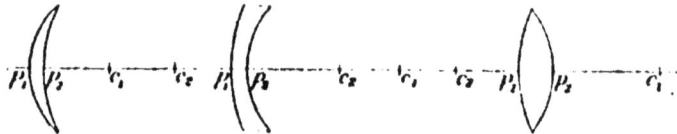

Fig. 54.   Fig. 55.   Fig. 56.

II. — La première face est concave, son centre c_1 est à gauche de la lentille.

4° Si la deuxième face est concave, son centre étant à droite de la lentille, les deux faces ne se coupent pas ; la lentille est *biconcave* (fig. 57).

Si la deuxième face est convexe, son centre c_2 étant à gauche, la lentille est encore un *ménisque* ; mais il y a à distinguer :

5° Le rayon de la deuxième face est plus petit que celui de la première ; il y a intersection des faces ; on a le ménisque *convergent* (fig. 58).

6° Le rayon de la deuxième face est plus grand que celui de la première ; il n'y a pas intersection ; on a le ménisque *divergent* (fig. 59).

On voit évidemment qu'il n'y a pas, en réalité, six formes dis-

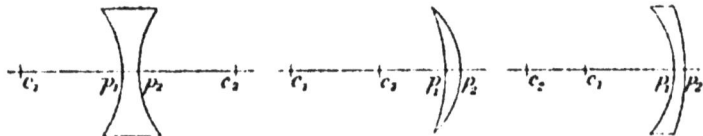

Fig. 57.   Fig. 58.   Fig. 59.

tinctes, mais seulement quatre, car les formes 1 et 5 sont

Identiques, sauf retournement, et il en est de même de 2 et 6.

Dans le cas où l'on admet qu'une des faces est plane, on trouve quatre nouvelles dispositions ; mais elles ne diffèrent deux à deux que par un retournement.

III. — Supposons que la première face soit plane.

7° Si la seconde face est convexe, on a la lentille *plan-convexe* (fig. 60).

8° Si la seconde face est concave, on a la lentille *plan-concave* (fig. 61).

IV. — On retomberait évidemment sur les mêmes formes, au

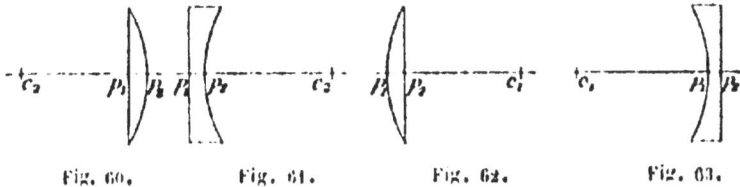

Fig. 60.   Fig. 61.   Fig. 62.   Fig. 63.

sens près, si l'on considérait les cas où la seconde face est plane (fig. 62 et 63).

Il y a donc, en réalité, six formes distinctes qui se rangent en deux groupes au point de vue géométrique :

A. Lentilles dont le centre est plus épais que les bords : lentille biconvexe, ménisque convergent, lentille plan convexe.

B. Lentilles dont le centre est moins épais que les bords : lentille biconcave, ménisque divergent, lentille plan concave.

Comme nous le verrons par la suite, cette division correspond à une différence dans les propriétés optiques : le groupe A est formé de lentilles convergentes ; les lentilles du groupe B sont divergentes.

84. *Des lentilles considérées comme des systèmes centrés.* — Une lentille est un système centré particulier ; on doit donc pouvoir lui appliquer toutes les propriétés démontrées précédemment. Nous avons notamment démontré (**39, 40**) qu'une combinaison de deux dioptres possède :

Deux plans focaux ;

Deux plans principaux, conjugués.

Les lentilles posséderont donc également ces plans. Par là même, comme nous l'avons indiqué d'autre part, une lentille possède aussi :

Deux plans antiprincipaux, conjugués (49);

Deux points nodaux, conjugués (69);

Deux points antinodaux, conjugués (76).

On sait, de plus, que les deux distances focales sont égales et contraires, puisque le troisième milieu est identique au premier.

On pourrait déterminer, à l'aide des formules générales, la position des plans focaux et des plans principaux. Comme on le sait, les autres éléments cardinaux s'en déduiraient immédiatement (77). Nous préférons montrer maintenant comment, à l'aide de constructions simples, on peut déterminer les plans focaux et principaux, ce qui permettra de discuter le rôle optique des lentilles.

Considérons donc deux dioptres et soit k l'indice de réfraction de la substance interposée, $k = \dfrac{v_1}{v_2}$. On sait que l'on aura toujours pour le premier dioptre : $\dfrac{\gamma_1''}{\gamma_1'} = -k$; pour la seconde face de la lentille, il viendra de même : $\dfrac{\gamma_2'}{\gamma_2''} = -k$ et, par suite,

$\dfrac{\gamma_1''}{\gamma_1'} = \dfrac{\gamma_2'}{\gamma_2''}$. Enfin, à cause des valeurs des distances focales, il vient aussi :

$$\frac{\gamma_1''}{\gamma_2'} : \frac{\gamma_1'}{\gamma_2''} = \frac{\gamma_1}{\gamma_2}.$$

85. — Indiquons, d'abord, la construction générale. Nous nous occuperons seulement du foyer F″, le premier foyer sera déterminé par là-même.

Soient les deux faces p_1 et p_2 (fig. 64) de la lentille, et soient f_1', f_1'', f_2', f_2'' les foyers des dioptres qui la constituent. Considérons un rayon parallèle à l'axe, rencontrant la première face en I_1 ; il est réfracté par le dioptre et prend la direction I_1S passant par le foyer f_1''. Il faut chercher la direction du rayon émergent, qui passe déjà par I_4, point d'intersection de I_1S avec p_4.

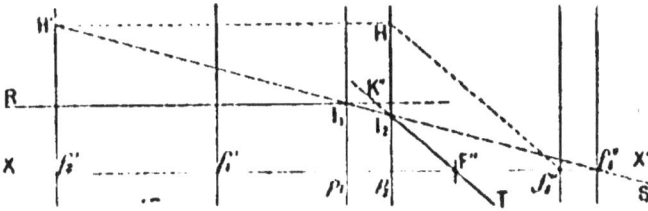

Fig. 61.

Nous n'avons qu'à appliquer l'une des méthodes indiquées (24), et, par exemple, la suivante :

Prolonger le rayon I_1S jusqu'en H', point d'intersection avec f_1'; mener par H' une parallèle à l'axe qui rencontre le plan p_4 en H. Joignons Hf_2'', cette droite est parallèle au rayon émergent cherché qu'on trace par I_4 et qui est I_4T. Le point F'' où cette droite rencontre l'axe est le foyer cherché.

. L'intersection de cette même droite avec RI_1 prolongée donnerait en K'' un point du plan principal.

Cette construction permet donc de trouver aisément les plans cardinaux dans le cas d'une lentille quelconque; mais nous ne nous occuperons que du cas où on peut négliger l'épaisseur de la lentille et supposer que p_1 et p_4 coïncident en p; les points I_1 et I_4 se confondent également en I et la figure se simplifie. D'autre part, il n'y a plus à s'occuper des plans principaux ; ils sont aussi confondus avec p (fig. 65 et suivantes).

Nous nous occuperons dès lors seulement de la recherche des foyers.

86. — Lorsque deux dioptres constituant une lentille sont placés de telle façon qu'il y ait coïncidence entre f_1'' et f_2', il n'y a pas de foyer, on a un *système afocal* ; tout faisceau parallèle sort parallèle sans modification aucune si on néglige l'épaisseur de la lentille. L'égalité des deux distances focales γ_1'' et γ_2' entraîne nécessairement celle de γ_1 et γ_2. Ce cas particulier correspond à deux surfaces infiniment rapprochées et concentriques, l'une des faces étant nécessairement convexe et l'autre concave par rapport à l'extérieur.

Partant de ce cas particulier et conservant invariable, par exemple, la deuxième surface, nous ferons varier la première, de manière que son foyer f_1'' et, par conséquent, son centre occupent toutes les positions possibles. La construction précédente permet de se rendre compte rapidement des diverses circonstances qui peuvent se présenter.

I. — Considérons d'abord le cas où la deuxième face est convexe vers l'extérieur, c'est-à-dire qu'elle tourne sa concavité du côté d'où vient la lumière; que, par conséquent, f_2' est à gauche, ainsi que le centre, et f_2'' à droite (fig. 65).

Le cas du système afocal correspond au cas où, comme nous

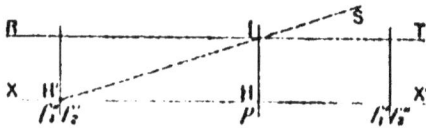

Fig. 65.

l'avons dit, f_1'' et f_2' coïncident ainsi que f_1' et f_2''. En appliquant la construction, nous voyons que le point H′ se trouve sur l'axe; il en est de même de H et la droite Hf_2'' se confond avec l'axe; le rayon réfracté est donc IT, parallèle à l'axe.

Supposons maintenant que nous changions la première face en augmentant son rayon de courbure et par conséquent aussi les distances focales, de telle sorte que le point f_1'' passe à gauche de f_2' (fig. 66). La première surface est concave, mais coupe la

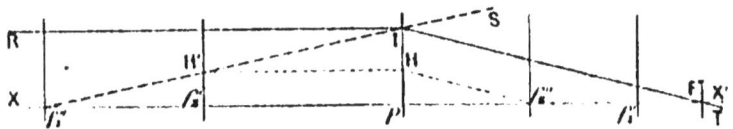

Fig. 66.

deuxième face. On voit immédiatement que le point H′ s'élève au-dessus de l'axe; il en est de même de H et la droite Hf_2'' est inclinée à droite vers l'axe; il en est de même aussi de IT qui coupe l'axe à droite de p; le foyer F″ est donc réel, la lentille est convergente. Cette lentille, qui a une face concave et une convexe, est le *ménisque convergent*.

A mesure que le rayon de courbure de la première face augmente, le point f_1'' s'éloigne vers la gauche; les points H' et H'' s'élèvent, les droites Hf_2'' et IT s'inclinent de plus en plus; le point F'' se rapproche de la lentille p, celle-ci devient de plus en plus convergente.

Cette convergence devient maxima lorsque le point f_1'' et le centre de la première face sont à l'infini : la première face est devenue plane, la lentille est plan convexe. La droite H'H se confond avec RI et le point F'' coïncide avec f_2''. Le foyer de la lentille coïncide avec celui de la deuxième face, ce qu'il était facile de prévoir d'ailleurs.

Revenons maintenant au cas du système afocal et supposons que la première face change, de manière que son foyer f_1'' se déplace vers la droite (fig. 67).

On voit que les points H' et H s'abaissent au-dessous de l'axe,

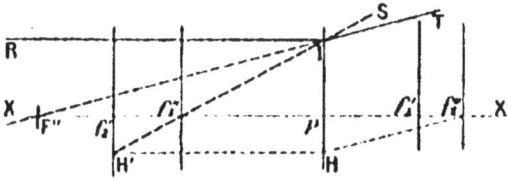

Fig. 67.

la droite Hf_2'' s'élève, il en est de même de IT et le point d'intersection F'' de cette droite avec l'axe est à gauche; le foyer est virtuel, la lentille est divergente.

Cet effet subsiste tant que f_1'' reste à droite de p. La première face est toujours concave, son rayon est moindre que celui de la deuxième qu'elle ne coupe pas; la lentille est un *ménisque divergent*.

A mesure que f_1'' se rapproche de p, le point F'' s'en rapproche également, la lentille devient de plus en plus divergente.

Enfin, le point f_1'' passe à droite de p (*); les points H' et H

(*) Il n'y a pas à s'arrêter au cas où il y aurait coïncidence; le rayon de courbure de la première face serait nul, ce qui est inadmissible.

(fig. 68), passent au-dessus de l'axe; les droites Hf_2'' et IT s'in-

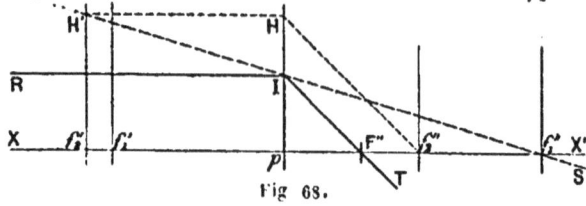

Fig 68.

clinent à droite vers l'axe; le point F″ se trouve à droite de p :
il est réel, la lentille est convergente.

Dans ce cas, la première face est convexe vers l'extérieur; la
lentille est dite *biconvexe*.

Quand f_1'' s'éloigne vers la droite, le rayon de courbure de la
première face augmentant, les points H′ et H s'abaissent, le point
F″ s'éloigne, la lentille devient de moins en moins convergente;
et, à la limite, f_1'' étant à l'infini, la première face redevient
plane et le foyer F″ coïncide de nouveau avec f_2''. On retrouve
ainsi la lentille *plan convexe*.

On remarquera que, pour une deuxième face convexe donnée
quelconque, le foyer F″ s'est déplacé de $- \infty$ à $+ \infty$ pour une
position convenable attribuée à f_1''. Donc, au point de vue de
la convergence ou de la divergence seulement, abstraction faite
des aberrations, on peut toujours trouver une lentille ayant une
deuxième face convexe donnée et produisant un effet déterminé.

II. — Considérons maintenant le cas où la deuxième face est
concave vers l'extérieur, c'est-à-dire qu'elle tourne sa convexité
du côté d'où vient la lumière; que, par conséquent, f_2' est à
droite, ainsi que le centre, et que f_2'' est à gauche.

Nous passerons rapidement sur les détails de la discussion qui
reproduiraient ce que nous venons de dire, et nous nous bornerons à indiquer les résultats.

Considérons le système afocal : la première face a son centre à

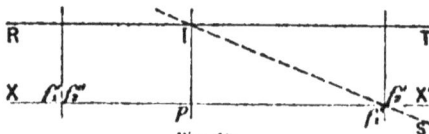

Fig. 69

droite : il y a coïncidence entre f_2' et f_1'' et entre f_2'' et f_1' (fig. 69).

Si le point f_1'' s'éloigne vers la droite (fig. 70), le rayon de courbure augmente, la première face ne coupe pas la deuxième.

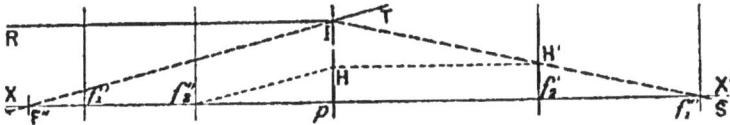

Fig. 70.

Le point F″ est à gauche de *p*, virtuel. La lentille est le *ménisque divergent*, identique, sauf retournement, à une forme déjà indiquée.

A mesure que f_1'' s'éloigne vers la droite, avec le centre de la première face, F″ se rapproche de *p*, la lentille devient de plus en plus divergente.

Le foyer F″ coïncide avec f_2'' quand le point f_1'' et le centre de la première face sont à l'infini : la première face est devenue plane. La lentille est *plan concave*; son foyer, comme on pouvait le prévoir, coïncide avec celui de la face courbe.

Revenons au système afocal et déplaçons f_1'' et le centre de la première face vers la gauche.

Tant que ces points n'ont pas dépassé *p* (fig. 71), tant, par-

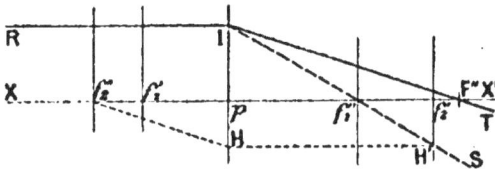

Fig. 71.

conséquent, que la première face reste convexe, le point F″ est à droite de *p*, réel, la lentille est convergente ; le point F″ se rapproche de *p* et la lentille devient plus convergente quand f_1'' se rapproche de plus en plus. Le centre de la première face est plus près de la lentille que celui de la deuxième; il y a donc intersection de la face convexe et de la face concave : la lentille est un *ménisque convergent*, forme déjà trouvée, sauf retournement.

Enfin, lorsque le foyer f_1'' passe à gauche de p (fig. 72) avec le centre de la première face, celle-ci devenant concave, le point

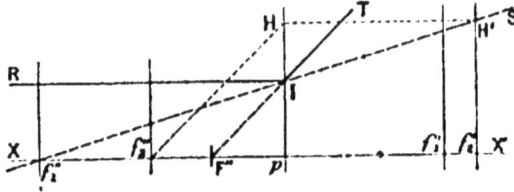

Fig. 72.

F''' est à gauche de p, il est virtuel, la lentille est divergente; c'est la lentille *biconcave*.

Le point F''' s'éloigne de p et la lentille devient moins divergente quand f_1'' s'éloigne de plus en plus. A la limite, lorsque f_1'' est à l'infini, le point F''' coïncide avec f_2''. Nous retrouvons la lentille *plan concave*, déjà signalée. .

Comme dans le cas précédent, la deuxième face restant concave, F''' peut prendre toutes les positions de $-\infty$ à $+\infty$.

87. — Comme, quelque faible qu'elle soit, l'épaisseur de la lentille n'est jamais nulle, les résultats précédents ne sont pas rigoureux; mais, en laissant de côté des formes extrêmes qu'on ne trouve pas dans la pratique, les indications que nous avons données sont suffisamment précises.

De même aussi, il y a lieu, en réalité, de considérer les plans principaux qui, sauf des cas particuliers, ne coïncident pas avec les faces et qui ne coïncident *jamais* entre eux. Ces différences sont de peu d'intérêt; nous les indiquerons, d'ailleurs, ultérieurement par une autre méthode.

88. — On peut arriver aux mêmes résultats en utilisant, pour déterminer les éléments des lentilles, les formules générales qui ont été données dans l'étude des systèmes centrés (**45**) : on arrivera ainsi à des formules plus simples par suite de la condition que le premier et le troisième milieux sont identiques.

Nous prendrons d'abord les formules générales des systèmes

centrés *(6, 7, 8)*, en y faisant $v_1 = v_3$ et en y établissant la coïncidence de p_1' et p_1'' et de p_2' et de p_3'', ce qui exprime que les systèmes composants sont des dioptres. De plus, nous introduirons la distance e des deux surfaces des dioptres, c'est-à-dire l'*épaisseur* de la lentille. Cette quantité est liée à ε par la relation suivante :

$$e = p_2 - p_1 = \varepsilon + \varphi_1'' - \varphi_2'.$$

Les positions des foyers par rapport aux faces sont déterminées par les relations (6') :

$$\mathcal{F}' = \mathrm{F}' - p_1 = \frac{(e + \varphi_2')\,\varphi_1'}{e - \varphi_1'' + \varphi_2'}, \quad \mathcal{F}'' = \mathrm{F}'' - p_2 = \frac{(e - \varphi_1'')\,\varphi_2''}{e - \varphi_1'' + \varphi_2'}.$$

La détermination des plans principaux se fait à l'aide des formules (7') :

$$\Psi' = \mathrm{P}' - p_1 = \frac{e\varphi_1'}{e - \varphi_1'' + \varphi_2'}, \quad \Psi'' = \mathrm{P}'' - p_2 = \frac{e\varphi_2''}{e - \varphi_1'' + \varphi_2'}.$$

On a alors pour les distances focales (8') :

$$\Phi' = \mathrm{F}' - \mathrm{P}' = \frac{\varphi_1'\varphi_2'}{e - \varphi_1'' + \varphi_2''}, \quad \Phi'' = \mathrm{F}'' - \mathrm{P}'' = -\frac{\varphi_1''\varphi_2''}{e - \varphi_1'' + \varphi_2'}.$$

Ces deux valeurs sont égales et de signe contraire, car, par suite de l'identité du premier et du dernier milieux, on a :

$$\frac{\varphi_1'}{\varphi_1''} = \frac{\varphi_2''}{\varphi_2'}.$$

Aussi, dans les discussions, sera-t-il inutile de les considérer toutes deux : nous conserverons seulement la deuxième distance focale pour caractériser une lentille donnée et nous la représenterons par Φ.

Les valeurs des abscisses des autres éléments cardinaux se déduiront des formules générales dans lesquelles il faudra introduire la relation $\Phi' = -\Phi''$, qui doit exister dans les lentilles.

On a alors :

1° Pour les plans antiprincipaux :

$$\mathrm{Q}'' - \mathrm{P}'' = \mathrm{P}' - \mathrm{Q}' = 2\Phi'',$$

ou :

$$\mathrm{Q}'' - \mathrm{P}'' = \mathrm{P}' - \mathrm{Q}' = -\Phi'' = \Phi'.$$

2° Pour les points nodaux :

$$N' - F' = \Phi'' = P' - F',$$
$$N'' - F'' = - \Phi' = P'' - F''.$$

Les points nodaux coïncident respectivement avec les plans principaux correspondants.

3° Pour les points antinodaux :

$$M' - F' = \Phi'' = Q' - F',$$
$$M'' - F'' = \Phi' = Q'' - F''.$$

Les point antinodaux M', M'' coïncident respectivement avec les plans antiprincipaux Q', Q''.

Comme nous le savions déjà, nous voyons que les éléments cardinaux sont réduits au nombre de six dans les lentilles.

Il n'y avait pas à s'occuper spécialement des points nodaux dans les lentilles, puisque l'on sait d'une manière générale qu'ils se confondent avec les pieds des plans principaux dans le cas des systèmes centrés dont le premier et le deuxième milieux sont de même nature. Les droites de direction (**72**) passeront donc par ces points : ces droites se confondront en une seule qu'on appelle un axe secondaire, dans le cas où, la lentille étant infiniment mince, les plans principaux sont en coïncidence.

89. *Construction du rayon réfracté dans les lentilles.* — Les constructions qui permettent de déterminer le rayon émergent correspondant à un rayon incident donné ou l'image d'un objet donné sont les mêmes que celles que nous avons indiquées pour le cas d'un système centré quelconque. Il se présente quelquefois, cependant, de légères simplifications provenant de la coïncidence des plans nodaux et des plans principaux et de l'égalité des distances focales.

Nous allons indiquer rapidement les principales constructions.

Soit d'abord à tracer le rayon émergent correspondant à un rayon incident donné RI. Considérons trois rayons parallèles (fig. 73 et 74) : le rayon donné RI, un rayon F'J, passant par F'. . premier foyer, et un rayon PK, passant par le point nodal dou-

ble ou centre optique P de la lentille. Après leur passage dans la
lentille, ces trois rayons devront se couper en un même point K″

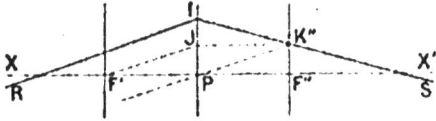

Fig. 73.

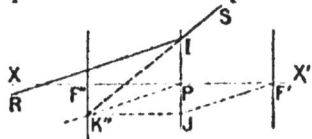

Fig. 74.

du plan focal F″. Or le rayon F″J est rendu horizontal par la réfraction et le rayon PK″ ne change pas de direction. On pourra
donc prendre l'un ou l'autre pour déterminer le point K″ qu'il
suffira de joindre au point d'incidence I du rayon donné pour
avoir le rayon émergent cherché.

On peut opérer autrement (fig. 75 et 76) : considérons trois

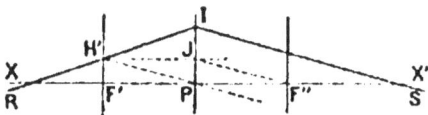

Fig. 75.

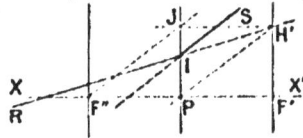

Fig. 76.

rayons qui se coupent, par eux-mêmes ou par leurs prolongements,
en un point H′ du plan focal F′; le rayon donné RI, un rayon
parallèle à l'axe H′J et un rayon passant par le centre optique
H′P. On sait que ces trois rayons sont parallèles après la réfraction. Or le rayon H′J est réfracté en passant par le foyer F″ et
le rayon H′P ne change pas de direction. On pourra donc tracer
aisément l'un ou l'autre à volonté; il suffira ensuite, pour avoir
le rayon cherché, de mener une parallèle à la direction trouvée
par le point d'incidence I du rayon donné.

Souvent, surtout si la position du point I est incommode, on
réunit deux de ces constructions de la manière suivante (fig. 77
et 78). On mène par le centre optique P une parallèle PK″ au

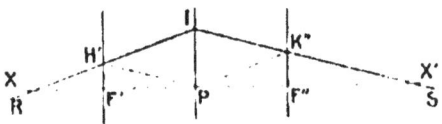

Fig. 77.

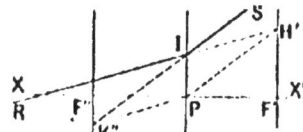

Fig. 78.

rayon donné RI ; elle coupe le plan focal en K″. On prend l'in-

7

tersection H' du rayon donné avec F' et on la joint au centre P il suffit alors de mener par K" une parallèle à H'P.

90. — Si l'on veut avoir l'image d'un point situé sur l'axe, on fait passer un rayon quelconque par ce point et, par l'une des constructions précédentes, on cherche le rayon réfracté correspondant ; le point où ce rayon réfracté rencontre l'axe est l'image cherchée.

Si l'on cherche l'image d'un point B en dehors de l'axe, on peut faire passer deux rayons quelconques par ce point et chercher les rayons réfractés correspondants ; leur intersection sera l'image B' cherchée.

Mais il est préférable, dans ce cas, de prendre deux rayons convenablement choisis. Il y en a trois qui sont faciles à employer (fig. 79 et 80), le rayon horizontal BH, qui est réfracté en passant

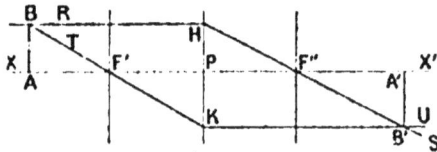 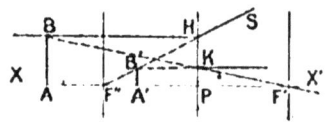

Fig. 79.   Fig. 80.

par le foyer F"; le rayon BK, passant par le foyer F' et qui est réfracté horizontalement en KB' ; et le rayon BP passant par le centre. Ces rayons se coupent en un point B' qui est l'image cherchée.

De préférence, nous employons les rayons BH et BF" ; outre qu'ils conduisent à des figures plus symétriques que BP, ils se prêtent mieux en général aux discussions.

Si l'on veut l'image d'un objet représenté par une petite droite perpendiculaire à l'axe et limitée d'une part à cet axe, il suffit de déterminer l'image B' de l'autre sommet B, comme nous venons de le dire; l'image s'obtiendra en abaissant B'A' perpendiculaire à l'axe. Si l'objet n'est pas limité à l'axe, on déterminera de la même façon les images de ses deux extrémités.

91. *Constructions dans les lentilles épaisses.* — Les constructions précédentes sont à peine modifiées si l'on veut tenir compte

de l'épaisseur des lentilles, ce qui correspond à donner deux plans
principaux distincts P'P".

Il suffit de se rappeler que tout rayon incident doit s'arrêter au
plan principal P' et que tout rayon émergent doit partir du plan
P", les deux points d'intersection se trouvant à la même distance
de l'axe ; le point I de la figure 77, par exemple, étant remplacé
par les points I' et I" (fig. 81) ; de même les droites II'P et PK", au
lieu de concourir en un même point, doivent aboutir, la première
en P' et la seconde en P".

Les modifications seraient analogues pour les autres figures.

Nous donnons également, comme exemple, la construction de
l'image d'une droite (fig. 83 et 84). La comparaison des deux cons-

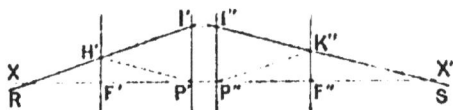

Fig. 81.

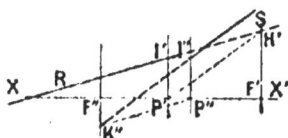

Fig. 82.

tructions (fig. 79 et 83) montre immédiatement que la position de
A'B', par rapport au foyer F" n'est pas changée, non plus que sa

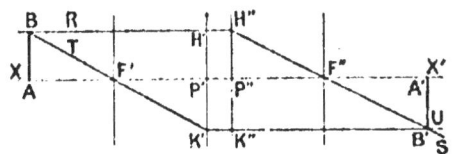

Fig. 83.

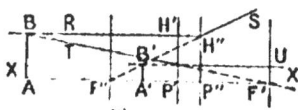

Fig. 84.

grandeur. La distance de l'image à l'objet est seulement altérée,
elle est augmentée de l'épaisseur de la lentille dans tous les cas.

92. Formules. — Ces constructions permettent d'établir aisément des formules liant entre elles les grandeurs et les positions
de l'objet et de l'image.

Soient AB un objet et A'B' l'image correspondante (fig. 83 et 84).

Les triangles semblables ABF', F'P'K' et H"P"F", F"A'B' donnent :

$$\frac{P'K'}{AB} = \frac{P'F'}{AF'}, \qquad \frac{A'B'}{H''P''} = \frac{F''A'}{P''F''},$$

ou, à cause des longueurs égales AB et P"H", P'K' et A'B' :

$$\frac{A'B'}{AB} = \frac{P'F'}{AF'} = \frac{F''A'}{P''F''}.$$

Définissons comme précédemment (65) l'objet et l'image par O et I, ces lettres représentant les longueurs AB et A'B' affectées du signe $+$ ou $-$, suivant que la longueur considérée est au-dessus ou au-dessous de l'axe. Appelons λ et λ' les abscisses de A et de A' comptées respectivement à partir de F' et de F" et affectées d'un signe suivant la convention générale ; enfin, la lentille sera caractérisée par sa deuxième distance focale que nous représenterons par φ et qui est l'abscisse du deuxième foyer par rapport à P".

Les équations précédentes donnent alors par substitution les formules suivantes qui sont générales :

$$\frac{I}{O} = \frac{\varphi}{\lambda} = -\frac{\lambda'}{\varphi}. \qquad (9)$$

Si l'on ne veut que la position de l'image, les deux derniers rapports conduisent à la forme simple :

$$\lambda\lambda' = -\varphi^2.$$

On peut définir l'objet et l'image par leurs abscisses α et α', comptées à partir de P' et de P". On a alors $\lambda = \alpha + \varphi$, $\lambda' = \alpha' - \varphi$ et les formules précédentes donnent par substitution :

$$\frac{I}{O} = \frac{\varphi}{\alpha + \varphi} = -\frac{\alpha' - \varphi}{\varphi}, \qquad \frac{1}{\alpha'} - \frac{1}{\alpha} = \frac{1}{\varphi}. \quad (10)$$

La démonstration s'applique presque sans modification aux fig. 79 et 80, dans ce cas les points P' et P" sont confondus en P.

93. *Discussion.* — En se reportant à la classification générale des systèmes centrés, on voit que les lentilles convergentes appartiennent à ce que nous avons appelé le système direct, tandis que les lentilles divergentes appartiennent au système inverse.

On peut donc appliquer immédiatement la discussion que nous avons faite (63), sans qu'il soit nécessaire de recourir à la discussion plus complète (**80**), puisque, dans les lentilles, les points nodaux coïncident avec les plans principaux et les points antinodaux avec les plans antiprincipaux.

Dans le cas des lentilles dans lesquelles on peut négliger l'épaisseur (lentilles infiniment minces), la discussion peut être plus complète, car on peut préciser dans chaque cas la nature de l'objet et de l'image. L'objet sera réel à gauche de la lentille, virtuel à droite; l'image, au contraire, est virtuelle à gauche et réelle à droite.

En réalité, ces indications ne sont pas rigoureuses, car il n'y a pas coïncidence entre les plans principaux et les faces des lentilles. Mais les distances qui séparent les faces de plans principaux correspondants sont petites; elles sont, d'ailleurs, proportionnelles à l'épaisseur de la lentille et doivent être négligées en même temps que celle-ci.

94. — On peut, d'ailleurs, faire directement la discussion des lentilles en se basant sur les propriétés générales connues des plans focaux et des plans principaux et en tenant compte qu'un objet et son image se déplacent toujours dans le même sens (**56**). Cette dernière propriété se déduit aisément, d'ailleurs, de l'une quelconque des constructions que nous venons d'indiquer, par exemple de la construction des figures 73 et 74.

Les plans principaux étant confondus dans le cas des lentilles infiniment minces, les éléments cardinaux présentent une répartition particulière : le premier groupe comprend, en effet, le premier plan focal F', placé à égale distance du plan principal double P et du premier plan antiprincipal Q'; le deuxième groupe comprend le deuxième plan focal F", placé à égale distance du plan principal double P et du deuxième plan antiprincipal Q", de telle sorte que les deux groupes ont un plan commun (*).

_____

(*) Les lentilles constituent ainsi un cas intermédiaire, à ce point de vue, entre les dioptres, dans lesquels les deux groupes d'éléments cardinaux ont deux éléments cardinaux, le plan principal double et le point nodal double, et les systèmes centrés dans lesquels ces deux groupes n'ont, en général, aucun élément commun.

Il y aura donc, dans chaque cas à considérer, quatre régions qui se correspondront deux à deux pour les images et pour les objets.

LENTILLES CONVERGENTES

Dans ces lentilles, appartenant au système direct, l'ordre des éléments est caractérisé par celui des plans PF″ (fig. 79).

Si l'on considère un objet AB situé au-dessus de l'axe, on voit que la caractéristique s'incline en bas et à droite : les images situées à droite du foyer F″ seront donc renversées, celles situées à gauche sont droites.

On voit immédiatement que les images comprises entre les plans P et Q″ sont plus petites que l'objet ; les images situées à gauche de P ou à droite de Q″ sont, au contraire, plus grandes que l'objet.

On peut alors résumer la discussion dans le tableau suivant :

Objet		Image			
Position.	Nature.	Position.	Nature.	Sens.	Grandeur.
+∞	Réel.	F″	Réelle.	Renvers.	Nulle. / Dimin.
Q′		Q″			Égale.
F′	Virtuel.	+∞	Virtuelle.	Droite.	Infinie. / Agrand.
P		P	Réelle.		Égale. / Dimin.
-∞		F″			Nulle.

LENTILLES DIVERGENTES

Dans ces lentilles, appartenant au système inverse, l'ordre des éléments est caractérisé par F″P (fig. 80).

La caractéristique s'incline en haut et à droite : les images situées à droite de F″ sont droites, celles situées à gauche sont renversées.

On peut alors résumer la discussion dans le tableau suivant :

Objet.		Image.			
Position.	Nature.	Position.	Nature.	Sens.	Grandeur.
$+\infty$	Réel.	F''	Virtuelle.	Droite.	Nulle. — Dimin.
P		P			Égale.
F'			Réelle.		Infinie. — Agrand.
	Virtuel.	$\downarrow \infty$			
Q'		Q''	Virtuelle.	Renvers.	Égale. — Dimin.
$-\infty$		F''			Nulle.

95. — Cette discussion pourrait également être faite en partant des formules qui sont :

$$\lambda\lambda' = -\varphi^2, \qquad \frac{1}{0} = \frac{\varphi}{\lambda} = -\frac{\lambda'}{\varphi}$$

ou :

$$\frac{1}{\alpha'} - \frac{1}{\alpha} = \frac{1}{\varphi}, \qquad \frac{1}{0} = \frac{\varphi}{\alpha + \varphi} = \frac{\varphi - \alpha'}{\varphi},$$

suivant les variables que l'on veut prendre.

Ces formules ont été déterminées directement (**92**); on pourrait les déduire des formules générales des systèmes centrés en y faisant $\varphi = \varphi'' = -\varphi'$.

Dans le cas où l'on voudrait tenir compte de l'épaisseur de la lentille, il faudrait remarquer que la deuxième région se termine à P' pour les objets et à P'' pour les images : les deux groupes de plans cardinaux n'ont plus de plan commun; mais il y a deux plans peu éloignés, P' et P''.

Enfin, il faudrait remarquer que le changement de réel en virtuel pour l'objet a lieu à la première face, dans le voisinage du plan P', mais non à ce plan même. De même pour les images : le changement de nature se fait à la deuxième face, dans le voisinage du plan P'', mais non à ce plan même.

§ II. — Systèmes formés par la réunion de deux lentilles.

96. *Systèmes formés par la réunion de deux lentilles.* — Dans les applications diverses de l'optique, on utilise très fréquemment des systèmes formés de deux lentilles, ou quelquefois davantage. Lorsque ces lentilles sont connues, il est toujours facile de suivre de proche en proche la marche d'un rayon lumineux jusqu'à son émergence dans le dernier milieu ; il est toujours facile aussi, par la considération de deux rayons lumineux, d'arriver à trouver l'image d'un point et, par suite aussi, on peut déterminer l'image d'un objet.

Mais, dans un certain nombre de circonstances, il peut être intéressant de considérer le système dans son entier et de le caractériser par ses plans cardinaux qui, par des constructions plus rapides, conduisent aux mêmes résultats.

Nous supposerons, pour simplifier la discussion, que l'on peut négliger l'épaisseur des lentilles : nous indiquerons, d'ailleurs, par quelques figures les modifications qui se produiraient si cette épaisseur n'était pas négligeable.

Les plans cardinaux peuvent être déterminés en partant des formules générales (45) qui se simplifient, car on a $\varphi_1' = -\varphi_1''$ et $\varphi_2' = -\varphi_2''$; nous caractériserons chaque lentille par sa deuxième distance focale que nous désignerons par une lettre non accentuée. Si, d'autre part, nous désignons par e l'abscisse de p_2 par rapport à p_1, quantité négative, égale numériquement à la distance des lentilles, on a :

$$c = \varphi_1 + \varepsilon + \varphi_2.$$

Les formules (6, 7, 8) deviennent alors :

$$\mathfrak{F}' = \frac{-\varphi_1(c-\varphi_2)}{c-\varphi_1-\varphi_2} \quad , \quad \mathfrak{F}'' = \frac{\varphi_2(c-\varphi_1)}{c-\varphi_1-\varphi_2} \quad , \quad (11)$$

$$\Psi' = \frac{-\varphi_1 c}{c-\varphi_1-\varphi_2} \quad , \quad \Psi'' = \frac{\varphi_2 c}{c-\varphi_1-\varphi_2} \quad , \quad (12)$$

et enfin :

$$\Phi = \mathfrak{F}'' - \Psi'' = \frac{-\varphi_1\varphi_2}{c-\varphi_1-\varphi_2} \quad . \quad (13)$$

Elles permettraient de discuter les différents cas qui peuvent se présenter.

Mais il est possible et il peut être plus intéressant de faire cette discussion directement en étudiant par la géométrie les diverses circonstances que l'on peut rencontrer.

97. — Nous allons examiner les systèmes formés par la réunion de deux lentilles.

Quatre cas différents peuvent se présenter, suivant la nature de la première et de la deuxième lentilles :

I. Les deux lentilles sont convergentes;

II. Les deux lentilles sont divergentes;

III. La première lentille est convergente et la deuxième divergente;

IV. La première lentille est divergente et la deuxième convergente.

Il est inutile d'étudier à part le cas IV qui, par retournement, se confond avec III; mais, par contre, ce dernier doit être subdivisé, comme nous le dirons.

Cas I : Deux lentilles convergentes. — Il suffira évidemment d'étudier ce qui se passe pour un foyer et le plan principal correspondant, F″ et P″ par exemple; le résultat sera analogue pour F′ et P′, car le système ne change pas par le retournement.

Pour trouver le foyer F″ et le plan principal correspondant, nous n'avons qu'à appliquer la construction déjà indiquée d'une manière générale (**89**). Soit un rayon RI₁ (fig. 85), parallèle à

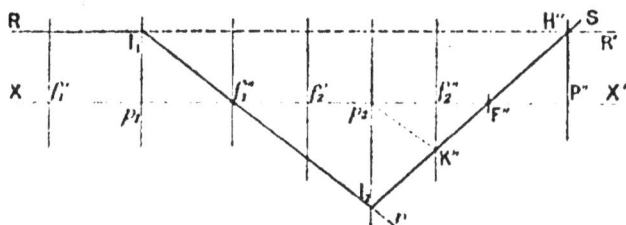

Fig. 85.

l'axe; après son passage dans la première lentille, il devient I₁f₁″ et va rencontrer la deuxième lentille en I₂. Menons par p₂ une parallèle à I₁I₂; elle coupe en K″ le plan focal f₂″. Le rayon émergent est I₂K″S. Il coupe l'axe XX′ en un point F″, qui est le second foyer, et le rayon incident prolongé RR′ en H″ qui est un point du plan principal, qui est ainsi déterminé en H″P″; la distance focale est P″F″.

La figure 86 indique les modifications que subirait la construction si l'on voulait tenir compte de l'épaisseur de la lentille.

Il est à remarquer dans cette construction que si, laissant la

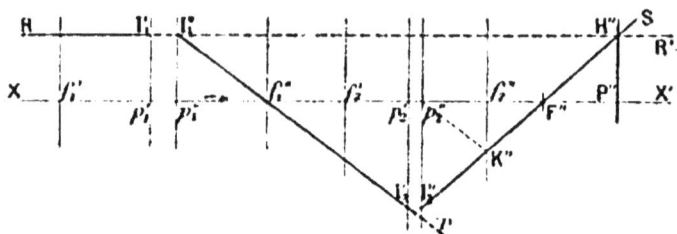

Fig. 86.

deuxième lentille fixe on déplace la première, la droite I_1I_2r
se meut parallèlement à elle-même; le point I_2 d'intersection
avec p_2 est donc d'autant plus éloigné de l'axe que les deux lentilles sont plus écartées.

D'autre part, le point K'' reste fixe, la droite p_2K'' restant
parallèle au rayon I_1r. Il est alors aisé de comparer les positions des points I_2 et K'' et de se rendre compte de la direction
de la droite I_2K'' qui détermine en somme la position de F'' et
celle de P''.

Considérons le cas particulier où les plans f_1'' et f_2' sont en
coïncidence (fig. 87) : on voit immédiatement, par l'égalité des

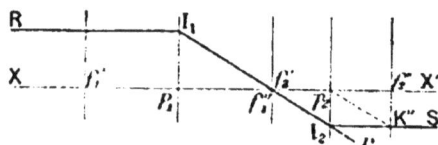

Fig. 87.

deux triangles $f_1''p_2I_2$ et $p_2f_2''K''$, que les points I_2 et K'' sont à la
même distance de l'axe. Par suite, le rayon réfracté $I_2K''S$ sera
parallèle à cet axe, et les points F'' et P'' seront transportés à
l'infini. Le système ne sera ni convergent ni divergent : c'est
un cas particulier intéressant auquel ne sont pas applicables les
considérations générales et les constructions que nous avons
données sur les systèmes centrés.

Nous l'étudierons ultérieurement sous le nom de système *afocal*.

Si, à partir de cette position particulière, on éloigne les lentilles (fig. 85), on voit que le point I_2 s'écarte de l'axe, la droite I_2K'' vient donc couper l'axe XX' à droite de f_2'' et la droite RR' plus loin. Le système obtenu est donc *inverse* puisqu'il présente le second foyer et le second plan principal dans l'ordre F"P". On voit immédiatement aussi que lorsque la distance des lentilles augmente, il en est de même de l'inclinaison de I_2K''; le foyer F" d'abord très loin de f_2'' s'en rapproche de plus en plus; en même temps, la distance focale F"P" devient de plus en plus petite, la puissance dioptrique du système augmente.

Le point F" ne peut, quel que soit l'éloignement de la première lentille, dépasser le point f_2'' dont il se rapproche indéfiniment, le foyer F" reste donc réel, le système est *convergent*.

Si, revenant à la position où f_1'' et f_2' sont en coïncidence,

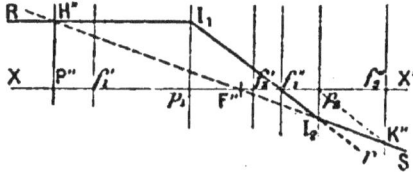

Fig. 88.

nous rapprochons les lentilles (fig. 88), nous voyons que la droite I_2K'' s'incline de manière à venir couper l'axe vers la gauche, très loin d'abord, puis de plus en plus près; en même temps, le point P", qui est d'abord très éloigné de F", s'en rapproche de plus en plus, la distance focale diminue. Le point P" étant à gauche de F", le système est *direct*; d'autre part, F" étant à gauche de p_2, le système est *divergent*.

Lorsque le point f_1'' vient en coïncidence avec p_2, la construction montre que le foyer F" coïncide également avec p_2 ou f_1'', en même temps que le plan principal P" coïncide avec p_1. Le système a donc même distance focale que la première lentille; il n'en faudrait pas conclure qu'il produit le même effet, car le premier plan principal P_1' ne coïncide pas avec celui de la lentille p_1.

En rapprochant davantage les deux lentilles (fig. 89), le système

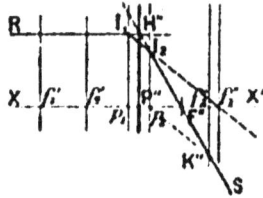

Fig. 89.

reste direct, mais le foyer F'' se trouve à droite de p_2 : le système devient donc *convergent*, sa puissance augmente ou sa distance focale *diminue*, au fur et à mesure que les deux lentilles se rapprochent davantage jusqu'au moment où elles arrivent au contact.

Les résultats que nous venons d'obtenir pour F'' se trouveraient d'une façon analogue pour F' et il n'y a lieu d'insister que sur un point particulier.

Lorsque les lentilles sont à une distance p_1p_2 plus grande que $p_1f_1 + p_2f_2$, le système est convergent pour la lumière arrivant de la droite, comme pour celle arrivant de la gauche. Si la distance devient plus petite, il commence à être divergent dans les deux sens et, de même, il finit par être convergent de nouveau dans les deux sens quand les lentilles sont très rapprochées; mais il y a une série de positions pour lesquelles il est divergent dans un sens et convergent dans l'autre : examinons ces conditions.

Nous venons de voir que pour F''' le passage de la divergence à la convergence a lieu quand f_1'' coïncide avec p_2. De même évidemment pour F'; la lumière venant de droite à gauche, le passage de la divergence à la convergence aura lieu quand f_2' coïncidera avec p_1. Si donc nous supposons, comme dans le cas de la figure $p_1f_1'' > p_2f_2''$, on voit que l'on peut résumer la discussion dans le tableau suivant, où φ_1 et φ_2 sont les distances focales des deux lentilles ($\varphi_1 > \varphi_2 > 0$), Φ celle du système et e la distance des lentilles :

e	F″	F′	Φ (valeur arithmétique.)	Nature du système.
∞	en f_2''	En f_1'.	Nulle.	Inverse.
	Réel.	Réel.	Croît.	
$\varphi_1 + \varphi_2$	$\pm \infty$.	$\pm \infty$.	∞.	
	Virtuel.	Virtuel.	Décroît.	
φ_1	En p_2.	Virtuel.	φ_1.	Direct.
	Réel.	Virtuel.	Décroît.	
φ_2	Réel.	En p_1.	φ_2.	
	Réel.	Réel.	Décroît.	
0	Réel.	Réel.	$\dfrac{\varphi_1\varphi_2}{\varphi_1+\varphi_2}$	

98. *Cas II : Deux lentilles divergentes.* — La construction est la même que dans le cas précédent, mais les résultats sont différents; on peut concevoir, *a priori*, que le système doit toujours être divergent : un faisceau parallèle est rendu divergent par la première lentille et, tombant sur la deuxième lentille qui est également divergente, ne peut qu'être rendu plus divergent.

La construction (fig. 90) montre en effet que toujours les

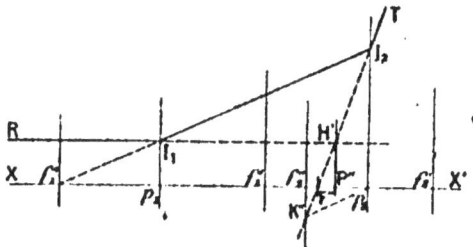

Fig. 90.

points K″ et I$_2$ sont de part et d'autre de l'axe, le point F″ est donc toujours à gauche de p_2, c'est donc toujours un foyer virtuel. De plus, le point I_2 est toujours au-dessus de I_1, donc le point H″ est toujours à droite de F″ et il en est de même de P″ : le système est donc *inverse*.

Enfin, on voit que F″ est d'autant plus éloigné de f_2″ et la distance focale F″P″ est d'autant plus grande que le point I_2 est plus bas, c'est-à-dire que les deux lentilles sont plus rapprochées.

Il n'y a pas de système afocal correspondant à ce cas.

99. *Cas III : Une lentille convergente et une divergente.* — Nous supposerons, par exemple, que la première lentille est convergente.

Il y a une subdivision à établir suivant qu'il peut y avoir coïncidence entre les plans f_1″ et f_2′, ou non. Pour que la coïncidence puisse exister, il faut nécessairement que, en valeur arithmétique, γ_1 soit plus grand que γ_2.

Dans tous les cas, d'ailleurs, la détermination du foyer et du plan principal pour un sens de la propagation de la lumière se fera de la même façon que précédemment et dépendra de la droite déterminée par les points K″ et I_2 pour F″ et P″ (fig. 83) ou par les points K′ et I_1 pour F′ et P′.

a. Examinons d'abord le cas où la distance focale de la lentille convergente est la plus grande.

Lorsque les plans f_1″ et f_2′ sont en coïncidence, la construction montre immédiatement, comme précédemment, que les foyers et les plans principaux sont transportés à l'infini (fig. 91).

Supposons que les lentilles s'écartent et étudions le foyer F″;

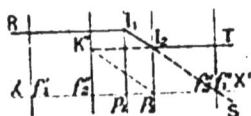

Fig. 91.

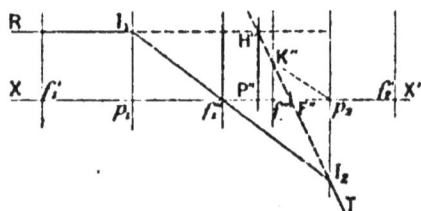

Fig. 92.

alors le point K″ (fig. 92) reste fixe et le point I_2 descend ; la droite I_2R s'incline vers la droite et donne un foyer F″ d'abord très éloigné et se rapprochant au fur et à mesure que la distance augmente; le système est *convergent*. Le point P″ est à gauche de F″, le système est *direct*. Enfin, la distance focale diminue quand l'écartement augmente.

Si le point p_2 coïncide avec $f_1″$, ce point devient le foyer F″ et le plan P″ coïncide avec p_1; la distance focale du système est donc la même que celle de p_1; mais il n'y a pas équivalence, comme nous l'avons indiqué précédemment.

L'écartement augmentant, le foyer F″ passe à gauche de p_2 et le système devient *divergent*. Mais il reste *direct* indéfiniment, son foyer F″ tend vers $f_2″$ et la distance focale tend vers zéro lorsque l'écartement augmente jusqu'à l'infini.

Si, partant de la position primitive, les lentilles se rapprochent (fig. 93), le point I_2 s'élève et la droite I_2K″ s'incline à gauche, le foyer devient virtuel, le système est *divergent*; mais alors le point P″ est à droite de F″ et le système est devenu *inverse*. Ces résultats persistent jusqu'au moment où les lentilles sont au contact. Alors le point F″ est le plus près possible des

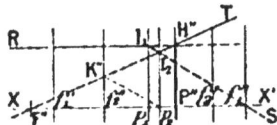

Fig. 93.

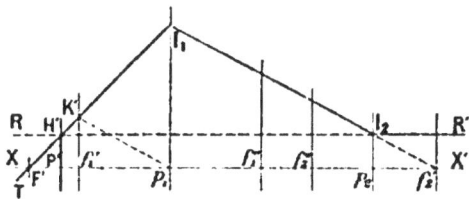

Fig. 94.

lentilles et la distance focale est la plus petite possible. On déterminerait aisément sa valeur dans ce cas et on trouverait la valeur que nous avons indiquée d'autre part.

Examinons maintenant le foyer F′; supposons fixe la lentille p_1 et, partant de la position étudiée d'abord, écartons la lentille p_2 (fig. 94). Le point K′ reste fixe, mais le point I_1 s'élève de plus en plus; la droite I_1K′S s'incline à gauche, le point F′ est à gauche de p_1, réel, par conséquent; le système est *convergent*; le point P′ est à droite de F′, le système est *direct*. Lorsque la distance croît, le foyer se rapproche de plus en plus et la distance

focale diminue ; le point f_1' est la limite de F′ quand l'écartement croît jusqu'à l'infini et la limite de la distance focale est
zéro.

Si, au contraire, partant de la première position, on rapproche
les lentilles, le point l_1 s'abaisse, la droite K′l_1 s'incline à droite,
le foyer F′ se trouve à droite des lentilles, il devient virtuel ; le
plan principal P′ est à gauche de F′, le système devient *inverse*.
Le foyer se rapproche de p_2 et la distance focale diminue en
même temps que l'écartement diminue.

On peut résumer la discussion comme il suit, en désignant
par φ_2' la valeur arithmétique de la distance focale de la lentille
divergente :

c	F″	F′	Φ (Valeur arithmétique).	Nature du système
∞	En f_2''	En f_1'.	Nulle.	
	Virtuel.	Réel.	Croît.	Direct.
φ_1	En p_2.	Réel.	φ_1.	
	Réel.	Réel.	Croît.	
$\varphi_1 - \varphi_2'$	$\pm \infty$	$\pm \infty$	∞	
	Virtuel.	Virtuel.	Décroît.	Inverse.
0	Virtuel.	Virtuel.	$\dfrac{\varphi_1 \varphi_2'}{\varphi_1 - \varphi_2'}$	

On voit que, comme dans le cas I, s'il y a des positions pour
lesquelles le système est convergent ou divergent, quel que soit le
sens de propagation de la lumière, il y en a d'autres où l'action
est contraire suivant qu'on suppose que la lumière arrive dans
un sens ou dans l'autre.

100. — *b.* Étudions maintenant le cas où la distance focale
de la lentille convergente est moindre que celle de la lentille divergente, en valeur arithmétique. Alors, il ne peut y avoir
coïncidence entre f_1'' et f_2'.

La construction qui détermine les foyers est toujours la même et permet d'énoncer immédiatement les résultats suivants :

L'écartement étant très grand, le point I₂ (fig. 95) est très bas

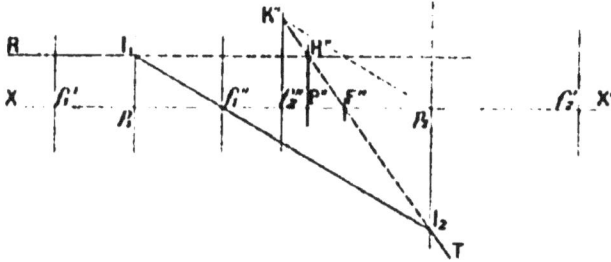

Fig. 95.

et les points P″ et F″ sont très rapprochés de f_2'' qui est leur limite commune quand l'écartement tend vers l'infini. Les points sont à gauche de p_2, le foyer est donc virtuel et le système est *divergent*, mais P″ est à gauche de F″, le système est *direct*.

L'écartement diminuant, le point F″ se rapproche de p_2 et la distance focale augmente.

Quand p_2 coïncide avec f_1'', le foyer F″ se trouve en ce même point et le plan principal est en p_1 : le système a même distance focale que p_1.

Si les lentilles se rapprochent davantage, le point P″ passe à droite de p_2 et devient réel, le système devient *convergent*, mais sans cesser d'être *direct* : la distance focale augmente. Elle prend sa plus grande valeur et le foyer est le plus éloigné possible lorsque les lentilles sont au contact.

Étudions maintenant les variations du foyer F′. Quand l'écartement est infini, le foyer F′ coïncide avec f_1' et la distance focale est nulle. L'écartement diminuant, le point F′ s'éloigne de plus en plus; il reste toujours à droite de p_1, il est donc réel et le système est *convergent* ; la distance focale augmente. Il ne se produit aucun changement de nature jusqu'au moment où les lentilles sont en contact, ce qui correspond au plus grand éloignement du foyer et à la plus grande distance focale.

On peut résumer ces résultats dans le tableau suivant :

8

c	F''	F'	Φ (Valeur arithmétique)	Nature du système
∞	En f_2''.	En f_1'.	Nulle.	
	Virtuel.	Réel.	Croît.	
γ_1	En p_2.	Réel	γ_1.	Direct.
	Réel.	Réel.	Croît.	
0	Réel.	Réel.	$\dfrac{\gamma_1\gamma_2}{\gamma_2'-\gamma_1}$	

Toutes les conséquences que nous venons de déduire de constructions géométriques simples auraient pu être fournies par les formules ; mais la discussion est moins nette au point de vue des considérations physiques.

101. — En réalité, les phénomènes ne sont pas aussi simples que nous venons de l'indiquer : les lentilles ne sont pas infiniment minces, et il y a lieu, pour chacune d'elles, de considérer deux plans principaux. Le cas qui correspond à la coïncidence des lentilles doit être remplacé par celui où il y a coïncidence entre les plans principaux p_1'' et p_2', coïncidence qui n'est pas possible, en général.

D'autre part, comme nous l'avons indiqué, le foyer F'', par exemple, ne devient pas réel après le plan p_2 (ou plus généralement avec le plan p_2''), mais après la deuxième face de la lentille, dont celui-ci diffère en général, il reste virtuel plus longtemps que cette discussion ne l'indiquerait, sauf de rares exceptions.

Mais si les lentilles ne sont pas très épaisses et si elles ne sont pas très rapprochées, les erreurs résultant de ces différences sont faibles et peuvent être négligées.

Si on voulait en tenir compte, on serait conduit à chercher successivement l'image de la première surface réfringente et celle de la dernière à travers le système. Mais cette construction ne peut se faire que spécialement pour chaque cas particulier :

elle ne dépend pas seulement, en effet, des distances focales des lentilles, mais aussi de leur forme, rayons de courbure, épaisseur, amplitude des surfaces. On est alors en dehors des conditions générales dans lesquelles nous avons considéré la question jusqu'à présent.

102. *Systèmes afocaux.* — Comme nous l'avons indiqué, un système de deux lentilles est caractérisé en général par ses plans cardinaux ; mais il n'en est pas ainsi dans le cas où il y a coïncidence entre les foyers f_1'' et f_2', parce que, alors, les plans cardinaux sont reportés à l'infini. Les systèmes de ce genre ont été désignés par M. Monoyer sous le nom de *systèmes afo-caux*, que nous leur conserverons.

On rencontre des systèmes afocaux dans divers instruments d'optique, aussi convient-il de les étudier avec quelques détails.

Un système afocal est caractérisé évidemment par le fait que lorsqu'un faisceau incident est parallèle, le faisceau émergent correspondant est aussi parallèle. Mais deux cas peuvent se distinguer :

1º Le plan focal commun $f_1''f_2'$ est en dehors des deux lentilles ; on voit immédiatement que le sens de l'inclinaison du faisceau n'est pas changé (fig. 96); que si, par conséquent, un observateur regardait un point à l'infini au-dessus de l'axe dans la direction I_1R, l'interposition du système le lui montrerait encore au-dessus de l'axe dans la direction I_2S' ;

2º Le plan focal commun $f_1''f_2'$ est entre les lentilles (fig. 97),

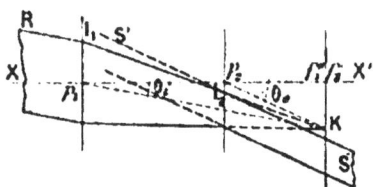

Fig. 96.

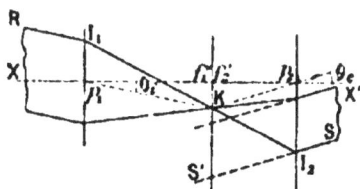

Fig. 97.

alors le sens de l'inclinaison des faisceaux a changé. L'observateur, regardant un point à l'infini à travers le système dans

la direction I₁R, le verra au-dessous de l'axe dans la direction
I₂S'. Pour cette raison, nous désignerons un système du premier genre sous le nom de *afocal direct* et celui du deuxième
genre sous celui de *afocal inverse*.

Dans le cas où le faisceau incident est parallèle à l'axe (fig. 98
et 99), il n'y a pas de changement de direction. Mais il n'y en

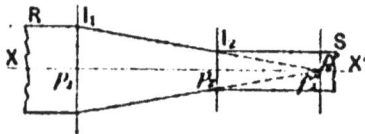 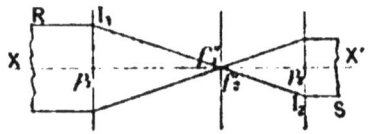

Fig. 98.   Fig. 99.

a pas moins une inversion dans l'ordre des rayons du faisceau,
pour le deuxième genre.

Il est clair qu'un système afocal direct de *deux lentilles seulement* contient une lentille convergente et une lentille divergente, tandis que, dans les mêmes conditions, un système inverse est formé par deux lentilles convergentes.

Indépendamment du changement de direction qui se produit
en général, les faisceaux parallèles subissent un changement
dans la section, sauf dans le cas d'un système afocal inverse
formé par deux lentilles de même distance focale. Le rapport
des rayons des sections est égal, en effet, au rapport des distances focales.

103. — On ne peut trouver l'image d'un objet fourni par un
système afocal qu'en suivant la marche des rayons, successivement à travers les deux lentilles.

Cherchons ainsi l'image d'un objet AB (fig. 100 et 101), en
suivant la construction ordinaire par deux rayons : l'un BH₁
parallèle à l'axe, l'autre f₁'BK₁ passant par le foyer f₁'. Le
premier entre les deux lentilles est déterminé par la condition de passer par le foyer f₁", puis il sort en H₂T parallèlement
à l'axe. L'autre devient parallèle à l'axe entre les deux len-

filles en K_1K_2 et sort en K_2S (*) dont la direction passe par f_2''.

On remarquera que, quand l'objet se déplace, le rayon RH_1 ne change pas : il en sera donc de même de H_2T qui est la carac-

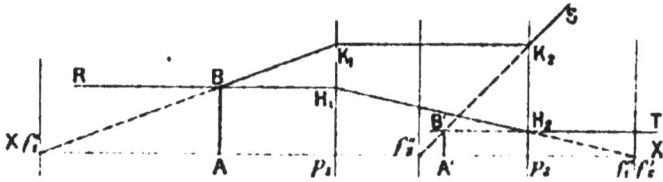

Fig. 100.

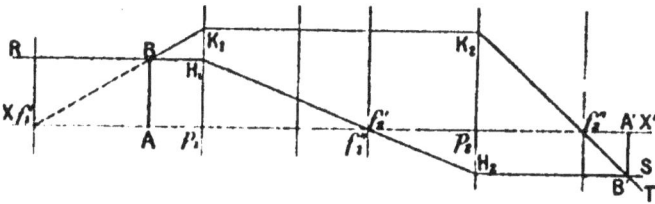

Fig. 101.

téristique de l'objet considéré. L'image B' de B devant se trouver sur cette caractéristique, tandis que l'image de A se trouve sur l'axe, il en résulte que la grandeur de l'image est constante, quelle que soit sa position et par conséquent quelle que soit la position de l'objet. On a évidemment la formule :

$$\frac{I}{O} = -\frac{p_2}{p_1},$$

les distances focales étant affectées d'un signe convenable.

Il est aisé de trouver la relation qui existe entre les positions de l'image et de l'objet. Les triangles semblables ABf_1' et $K_1p_1f_1'$, d'une part, et $A'B'f_2''$ et $K_2p_2f_2''$ d'autre part, donnent :

$$\frac{K_1p_1}{AB} = \frac{f_1'p_1}{f_1'A} \qquad \text{et} \qquad \frac{A'B'}{K_2p_2} = \frac{f_2''A'}{f_2''p_2}.$$

(*) Dans la figure 101, il y a interversion dans la position des lettres S et T.

Multipliant terme à terme et simplifiant, on a :

$$\frac{A'B'}{AB} = \frac{f_2''\lambda'}{f_1'\lambda} \cdot \frac{f_1'p_1}{f_2''p_2},$$

ou, remplaçant par les notations ordinaires :

$$-\frac{I}{O} = \frac{\lambda_2'}{\lambda_1} \cdot \frac{\gamma_1}{\gamma_2},$$

ou enfin, à cause de l'équation précédente :

$$\frac{\lambda_2'}{\lambda_1} = \left(\frac{\gamma_1}{\gamma_2}\right)^2.$$

104. — Il est intéressant de voir dans le cas de faisceaux parallèles, quelle relation existe entre les inclinaisons des faisceaux incident et émergent. Appelons θ_i et θ_e (fig. 96 et 97) les inclinaisons de ces faisceaux sur l'axe, ces valeurs étant de même signe ou de signe contraire, suivant que les inclinaisons sont de même sens ou de sens opposé. Les triangles $p_1K f_1''$ et $p_2K f_2'$ donnent immédiatement :

$$\operatorname{tg}\theta_i = \frac{f_1''K}{p_1 f_1''} \qquad \operatorname{tg}\theta_e = \frac{f_2'K}{p_2 f_2'},$$

ou, prenant le rapport et remplaçant les quantités par les lettres qui les représentent :

$$\frac{\operatorname{tg}\theta_e}{\operatorname{tg}\theta_i} = -\frac{\gamma_1}{\gamma_2}.$$

Comme les angles θ doivent être petits, on peut écrire plus simplement :

$$\frac{\theta_e}{\theta_i} = -\frac{\gamma_1}{\gamma_2}.$$

Ce rapport est inverse de celui qui existe entre une image et l'objet correspondant.

On voit que ce rapport représente l'inclinaison du rayon émergent sur l'axe pour un rayon incident faisant avec cet axe un angle égal à l'unité. Par analogie nous appellerons ce rapport *puissance angulaire* du système afocal et nous le désignerons par Π_a. On aura donc en désignant par π_1 et π_2 les puissances des deux lentilles.

$$\Pi_a = \frac{\theta_e}{\theta_i} = -\frac{\gamma_1}{\gamma_2} = -\frac{\pi_2}{\pi_1}.$$

105. *Les doublets.* — Il est utile d'étudier spécialement quelques combinaisons de lentilles que l'on rencontre soit seules, soit faisant partie d'autres appareils, sous le nom de *doublets*, *d'oculaires composés*. Nous allons nous borner à les définir et à indiquer les plans qui les caractérisent optiquement, et nous verrons ultérieurement à quels usages ces systèmes sont utilisés. Nous nous occuperons des systèmes formés de deux lentilles que l'on rencontre fréquemment.

Un semblable système est généralement défini par trois nombres écrits à la suite :

$$n_1 - n_2 - n_3,$$

et qui représentent : n_1 la distance focale φ_1 de la première lentille; n_2 l'écartement des lentilles; et n_3 la distance focale de la deuxième lentille φ_2.

Les valeurs que nous donnons se rapportent à des lentilles supposées infiniment minces : elles seraient modifiées si l'on voulait tenir compte de l'épaisseur.

106. *Oculaire de Ramsden.* — Ce système est formé de deux lentilles convergentes : son symbole est $3 - 2 - 3$. Il est évident que tout est symétrique par rapport au plan perpendiculaire à l'axe mené à égale distance des deux lentilles (fig. 102).

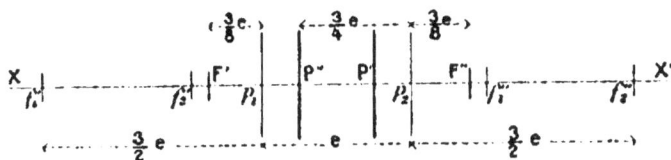

Fig. 102.

Les deux foyers sont réels, le système est direct. Il suffit de définir F″ et P″ par exemple, à cause de la symétrie. On a, e étant négatif *(11, 12, 13)* :

$$\mathfrak{F}'' = \frac{3}{8}e = \frac{1}{4}\varphi_1, \qquad \Psi'' = -\frac{6}{8}e = -\frac{1}{2}\varphi_1,$$

$$\Phi = \frac{9}{8}e = \frac{3}{4}\varphi_1.$$

Bien que, théoriquement, la forme des lentilles importe peu, et que les distances focales suffisent pour caractériser l'effet géométrique d'une lentille, en réalité, et dans le but de corriger ou de diminuer l'aberration de sphéricité notamment, on choisit des formes particulières. C'est ainsi que pour l'oculaire de Ramsden on emploie deux lentilles plan-convexes se regardant par leurs faces courbes.

107. *Doublet de Wollaston*. — Cet appareil est formé de deux lentilles convergentes et est caractérisé par le symbole 2 — 3 — 6 (fig. 103).

La distance e est donc telle que l'on a numériquement :

$$\varphi_1 < e \cdot \varphi_2;$$

la discussion montre donc que le foyer F''' est virtuel (*), le foyer

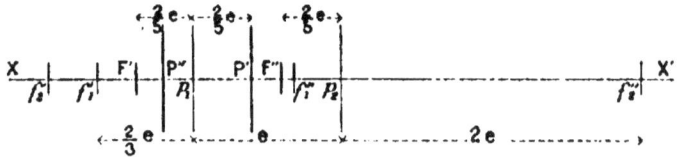

Fig. 103.

F'' réel et que le système est direct, c'est-à-dire que le foyer F'''
et le plan principal correspondant se présentent dans l'ordre
P''F''.

La construction géométrique ou les formules donnent la position exacte des plans cardinaux. On a ainsi :

$$\mathfrak{F}' = -\frac{2}{5}e = -\frac{3}{5}\varphi_1, \qquad \mathfrak{F}'' = -\frac{2}{5}e = -\frac{3}{5}\varphi_1.$$

$$\Psi'' = \frac{2}{5}e = \frac{3}{5}\varphi_1, \qquad \Psi''' = -\frac{6}{5}e = -\frac{9}{5}\varphi_1,$$

et

$$\Phi = \frac{4}{5}e = \frac{6}{5}\varphi_1.$$

Le foyer principal F'' est donc avant la première lentille, le plan principal correspondant est symétriquement placé de l'autre

---

(*) Il y a inversion par rapport au tableau (**97**) résumant la discussion, parce que dans celui-ci on suppose $\varphi_1 > \varphi_2$.

côté de cette lentille. Le foyer F' est dans l'instrument, en avant
de la seconde lentille et à une distance égale à celle qui sépare
F' de la première lentille.

Les lentilles employées en réalité sont des lentilles plan-convexes dirigées dans le même sens et tournant leurs faces planes
du côté de l'objet que l'on regarde.

108. *Oculaire d'Huyghens.* — Ce système est caractérisé par
le symbole 3 −2—1 (fig. 104). La discussion générale montre que

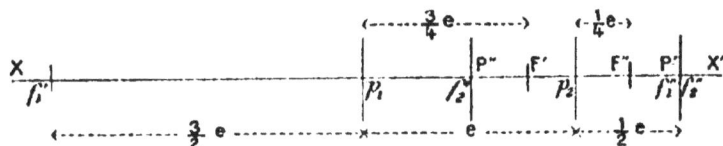

Fig. 104.

le système est direct, que le foyer F' est virtuel et que le foyer
F'' est réel, car on a numériquement $\varphi_1 > e > \varphi_2$.

On a, pour caractériser le système, les valeurs :

$$\mathfrak{F}' = \frac{3}{4} e = \frac{1}{2} \varphi_1, \qquad \mathfrak{F}'' = \frac{1}{4} e = \frac{1}{6} \varphi_1,$$

$$\Psi'' = \frac{3}{2} e = \varphi_1, \qquad \Psi''' = -\frac{1}{2} e = \frac{1}{3} \varphi_1,$$

$$\Phi = \frac{3}{4} e = \frac{1}{2} \varphi_1.$$

Dans cet oculaire, les plans f_2'' et f_1'' sont en coïncidence et
le plan principal P' se confond avec eux, tandis que le plan P''
coïncide avec f_2' : les deux foyers F' et F'' sont à moitié distance
entre la lentille L₂ et ses foyers f_2' et f_2''.

Les lentilles que l'on emploie dans cet oculaire sont des lentilles plan-convexes orientées dans le même sens et ayant leurs
faces courbes tournées du côté d'où vient la lumière.

109. *Un système de deux lentilles ne peut, en général, être
équivalent à une lentille unique.* — Il peut être intéressant de
rechercher si un système de deux lentilles peut être remplacé
par une lentille unique.

Pour qu'il en soit ainsi, il faut et il suffit que les plans principaux du système soient en coïncidence.

Les plans principaux sont déterminés par les formules (12) :

$$\Psi' = - \frac{\gamma_1 e}{e - \gamma_1 - \gamma_2}, \qquad \Psi'' = \frac{\gamma_2 e}{e - \gamma_1 - \gamma_2}.$$

Cherchons la distance D des deux plans principaux. On a toujours :

$$\Psi' + D = e + \Psi''.$$

On a donc :

$$D = e + \Psi'' - \Psi' = e + \frac{\gamma_1 e + \gamma_2 e}{e - \gamma_1 - \gamma_2} = \frac{e^2}{e - \gamma_1 - \gamma_2}.$$

Comme le dénominateur n'est pas infini, D ne peut être nul que si e l'est également. Un système de deux lentilles ne peut être équivalent à une lentille unique que si les lentilles sont au contact.

110. *Lentilles superposées.* — Étudions donc le cas où les lentilles, supposées infiniment minces sont au contact, où il y a coïncidence de p_1 et p_2, ou l'on a par conséquent $e = 0$.

Les formules qui donnent Ψ' et Ψ'' (**109**) montrent que ces quantités sont nulles : les plans principaux coïncident entre eux et avec les lentilles.

Cherchons la deuxième distance focale que nous désignerons par Φ et qui suffit à caractériser le système. Les formules (7) donnent alors en y introduisant la condition $\epsilon + \gamma_1 + \gamma_2 = 0$:

$$\Phi = \frac{\gamma_1 \gamma_2}{\gamma_1 + \gamma_2}.$$

Cette équation peut s'écrire :

$$\frac{1}{\Phi} = \frac{1}{\gamma_1} + \frac{1}{\gamma_2},$$

ou en introduisant la puissance Π du système et les puissances π_1 et π_2 des lentilles :

$$\Pi = \pi_1 + \pi_2.$$

La puissance du système formé par la superposition de deux lentilles au contact est la somme des puissances des lentilles composantes.

Il va sans dire que, dans cette formule, les puissances doivent être affectées du signe qui correspond à la nature de la lentille ; la somme qu'il faut faire est donc une somme algébrique.

111. — On pourrait arriver directement au même résultat par la considération de la construction géométrique générale indiquée précédemment (**97**).

Soient deux lentilles superposées p_1, p_2 (fig. 105) ; menons le

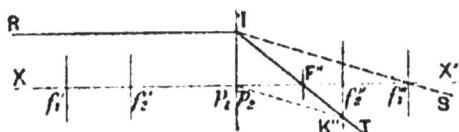

Fig. 105.

rayon RI parallèle à l'axe ; le passage à travers la première lentille lui donnerait la direction IS. Menons par p_2 une parallèle à cette direction, qui rencontre en K″ le plan focal $f_2″$; ce point appartient au rayon émergent qui est dès lors IK″T. Ce rayon coupe le rayon incident en I qui appartient au plan principal P″ ; celui-ci se confond avec $p_1 p_2$, par conséquent comme on pouvait le prévoir.

D'autre part, ce même rayon IT coupe l'axe en F″, qui est le foyer cherché.

Les deux triangles IF″$f_1″$ et K″F″p_2 sont semblables ; les hauteurs K″$f_2″$ et Ip_2 déterminent sur la base des segments proportionnels et l'on a :

$$\frac{p_2 F''}{p_2 f_2''} = \frac{F'' f_1''}{p_2 f_1''}.$$

On peut écrire cette équation :

$$\frac{p_2 F''}{p_2 f_2''} = \frac{p_2 F'' + F'' f_1''}{p_2 f_2'' + p_2 f_1''} = \frac{p_2 f_1''}{p_2 f_1'' + p_2 f_2''}.$$

d'où l'on tire, à cause de la coïncidence de p_1 et p_2 :

$$p_2 F'' = \frac{p_1 f_1'' \times p_2 f_2''}{p_1 f_1'' + p_2 f_2''}.$$

Ce qui donne bien la valeur déjà trouvée :

$$\phi = \frac{\varphi_1 \varphi_2}{\varphi_1 + \varphi_2}.$$

CHAPITRE IV

ÉTUDE DES DIOPTRES ET DES SYSTÈMES CENTRÉS
PAR LA GÉOMÉTRIE ANALYTIQUE

112. *Indication de la méthode.* — Les résultats généraux auxquels nous sommes parvenus permettent d'étudier avec détails quelques cas particuliers qui sont intéressants au point de vue des applications.

Mais auparavant nous traiterons par une autre méthode les mêmes questions, en employant les procédés de la géométrie analytique. Cette méthode présente l'avantage principalement que les formules auxquelles elle conduit sont absolument générales, sans qu'il soit nécessaire de faire à ce sujet une démonstration spéciale.

Nous examinerons la marche des rayons situés dans un plan passant par l'axe principal du dioptre ou par l'axe du système centré : nous prendrons cette droite pour axe des abscisses, et pour axe des ordonnées une droite perpendiculaire menée par un point quelconque.

Chacun des points situés sur l'axe sera désigné par une lettre qui représentera en même temps le plan mené par ce point perpendiculairement à l'axe ; cette lettre indiquera également l'abscisse de ce point prise à partir d'une origine arbitraire ; les abscisses seront comptées positivement dans le sens d'où vient la lumière, vers la gauche, dans nos figures. L'origine pourra toujours être choisie telle que les abscisses des divers points qui caractérisent un système déterminé soient positives.

Il est souvent commode de représenter par une lettre les distances comptées à partir de points autres que l'origine; ces distances seront représentées par des lettres grecques, et seront affectées de signes, suivant la convention précédente.

D'une manière générale, dans le cas d'un système complexe, les points qui caractériseront les éléments constituants seront représentés par des lettres minuscules; les points correspondants du système composé seront représentés par des lettres majuscules.

Nous définirons un milieu optique par la vitesse de propagation de la lumière dans ce milieu. Étant donnés deux milieux A et B, et les vitesses correspondantes v_A et v_B, l'indice de réfraction du milieu B par rapport à A est $k = \dfrac{v_A}{v_B}$.

113. *Rayon réfracté dans un dioptre. Points conjugués.* — Soit un dioptre simple déterminé par son pôle ou sommet p (fig. 106), par son centre c, et par les vitesses de propagation v_1 et v_2 de la lumière dans le premier et dans le deuxième milieux.

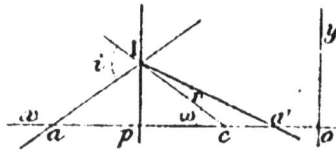

Fig. 106.

Soit $y = t\,(x - a)$ l'équation d'un rayon incident quelconque coupant l'axe au point a; déterminons l'équation du rayon réfracté correspondant.

Le rayon incident coupe la surface réfringente en un point I dont les coordonnées sont p et $t\,(p - a)$; l'équation du rayon réfracté peut donc s'écrire sous la forme :

$$y - t\,(p - a) = t'\,(x - p),$$

et il faut déterminer t'.

Appelons i et r les angles d'incidence et de réfraction en I, et soit ω l'angle aigu de la normale avec l'axe. On a les relations :

$$l = -\operatorname{tg}(i-\omega), \qquad l' = \operatorname{tg}(\omega-r) \quad \text{et} \quad \operatorname{tg}\omega = \frac{l\,(p-a)}{p-c}.$$

La loi de la réfraction donne : $\dfrac{\sin i}{\sin r} = \dfrac{v_1}{v_2}$.

La condition que le dioptre a une faible ouverture et que les angles d'incidence et de réfraction sont petits permet de remplacer ces équations par les suivantes plus simples :

$$l = -(i-\omega), \quad l' = (\omega-r), \quad \omega = \frac{l\,(p-a)}{p-c} \text{ et } \frac{i}{r} = \frac{v_1}{v_2}.$$

Éliminant les angles i et r, il vient :

$$l' = l\,\frac{v_2\,(p-c) + (v_1-v_2)\,(p-a)}{v_1\,(p-c)}.$$

et l'équation du rayon réfracté peut s'écrire :

$$y - l\,(p-a) = l\,\frac{v_2\,(p-c) + (v_1-v_2)\,(p-a)}{v_1\,(p-c)}\,(x-p). \quad (I)$$

Cherchons l'abscisse a' du point où ce rayon rencontre l'axe ; c'est la valeur de x pour $y = 0$; on a donc :

$$a - p = \frac{v_2(p-c) + (v_1-v_2)(p-a)}{v_1(p-c)}\,(a'-p). \quad (II)$$

Cette équation, qui donne a' en fonction de a, est indépendante de m. Cette remarque montre que tous les rayons incidents qui coupent l'axe en a, formant un faisceau homocentrique, donnent des rayons réfractés coupant l'axe en un même point a', c'est-à-dire formant un faisceau homocentrique.

L'homocentricité des faisceaux est donc conservée après la réfraction à travers un dioptre, lorsque le sommet du faisceau incident est sur l'axe et le sommet du faisceau réfracté est également sur l'axe.

Les conclusions précédentes cesseraient d'être vraies si l'ouverture du dioptre était trop grande ou si les angles d'incidence et de réfraction étaient trop grands pour qu'on pût remplacer les sinus ou les tangentes par les angles correspondants.

114. — L'équation *(II)* peut s'écrire :

$$v_1(a-p)(c-p) - v_2(c-p)(a'-p) = (v_1-v_2)(a-p)(a'-p),$$

ou :
$$\frac{v_1}{a'-p} - \frac{v_2}{a-p} = \frac{v_1-v_2}{c-p}. \qquad (II')$$

Désignons par α, α' et γ les quantités $a-p$, $a'-p$ et $c-p$, qui sont les abscisses des points a et a' et du centre c, comptées, avec leur signe, à partir du pôle p du dioptre. L'équation s'écrit alors :

$$\frac{v_1}{\alpha'} - \frac{v_2}{\alpha} = \frac{v_1-v_2}{\gamma}.$$

Il convient de remarquer que cette équation ne change pas si l'on y remplace à la fois α par α', v_1 par v_2 et réciproquement, ce qui revient à dire que, si l'on considère un faisceau marchant de la droite vers la gauche et dont le sommet est en a', ce faisceau est transformé en un faisceau dont le sommet est en a.

Cette propriété est une conséquence du fait de la réversibilité de la lumière appliquée aux dioptres.

Les deux points a et a', tels que chacun d'eux peut être considéré comme l'image de l'autre, sont des points conjugués.

On emploie quelquefois la formule précédente sous une autre forme, en y introduisant l'indice de réfraction k du second milieu par rapport au premier. On a :

$$k = \frac{v_1}{v_2},$$

et il vient alors :

$$\frac{k}{\alpha'} - \frac{1}{\alpha} = \frac{k-1}{\gamma}.$$

En introduisant dans l'équation *(I)* du rayon réfracté les quantités α, α' et γ, cette équation devient :

$$y + tz = t\,\frac{v_2\gamma + (v_1-v_2)\alpha}{v_1\gamma}\,(x-p). \qquad (III)$$

115. *Conservation de l'homocentricité.* — Les axes secondaires des dioptres jouissant des mêmes propriétés géométriques que l'axe principal, on peut prévoir que les mêmes conclusions leur sont applicables.

Soit, en effet, un point d'abscisse a_1, situé sur un rayon incident $y = l(x - a)$; ce point est complètement déterminé par son abscisse. Soit un axe secondaire $y = l_1(x - c)$; pour qu'il passe par le point considéré, on doit avoir :

$$l(a_1 - a) = l_1(a_1 - c),$$

d'où l'on tire :

$$l = l_1 \frac{a_1 - c}{a_1 - a}.$$

Le rayon réfracté est *(III)* :

$$y = -lx + l \frac{v_2\gamma + (v_1 - v_2)x}{v_1\gamma}(x - p).$$

L'abscisse a_1' du point d'intersection de ce rayon avec l'axe secondaire considéré est donnée par l'équation :

$$l_1(a_1' - c) = -lx + l \frac{v_2\gamma + (v_1 - v_2)x}{v_1\gamma}(a_1' - p),$$

où l'on doit introduire la relation $l(a_1 - a) = l_1(a_1 - c)$.

Cette équation peut s'écrire :

$$l_1(a_1' - p) = -lx - l_1(p - c) + l \frac{v_2\gamma + (v_1 - v_2)x}{v_1\gamma}(a_1' - p),$$

en substituant à l sa valeur et divisant par l_1 :

$$(a_1' - p)\left[1 - \frac{a_1 - c}{a_1 - a} \cdot \frac{v_2\gamma + (v_1 - v_2)x}{v_1\gamma}\right] = \frac{-(a_1 - c)x}{a_1 - a} - (p - c);$$

remplaçant x et γ par leurs valeurs et effectuant, il vient

$$(a_1' - p)\frac{v_1(c - a)(a_1 - p) + v_2(a_1 - c)(a - c)}{v_1(a_1 - a)(c - p)} = \frac{(c - a)(a_1 - p)}{a_1 - a}.$$

En supprimant le facteur commun $\dfrac{c - a}{a_1 - a}$, on a :

$$(a_1' - p)\frac{v_1(a_1 - p) - v_2(a_1 - c)}{v_1(c - p)} = a_1 - p;$$

on a encore :

$$(a_1' - p)\frac{(v_1 - v_2)(a_1 - p) + v_2(c - p)}{v_1(c - p)} = a_1 - p.$$

L'équation à laquelle on parvient est indépendante de a; par conséquent, tous les rayons qui, à l'incidence, couperont l'axe secondaire en un même point, donneront des rayons réfractés qui couperont cet axe aussi en un même point; l'homocentricité sera donc conservée.

116. *Image d'une droite.* — L'équation qui donne a_1' en fonction de a_1 est indépendante de t_1, qui caractérisait l'ordonnée du point considéré; donc, tous les points qui, à l'incidence, auront la même abscisse, c'est-à-dire se trouveront sur une même perpendiculaire à l'axe principal, auront des images dont les abscisses seront égales, se trouvant aussi, par conséquent, sur une même perpendiculaire à l'axe.

Ces points, d'ailleurs, devront être peu éloignés de l'axe principal, sans quoi les angles i et r et ω, qui ont servi à l'établissement de la formule, ne seraient plus très petits et nous ne pourrions accepter les approximations que nous avons indiquées.

Nous pouvons donc dire que l'image d'un objet qui est une petite droite perpendiculaire à l'axe est aussi une droite perpendiculaire à l'axe.

On doit remarquer que, comme il était facile de le prévoir, la relation qui existe entre a_1' et a_1 est identique à l'équation qui existe entre les abscisses de deux points conjugués, situés sur l'axe principal.

117. *Foyers. Plans focaux.* — Considérons le cas où le faisceau incident est parallèle à l'axe, ce qui correspond au cas où l'on a $a = \infty$. Nous appellerons deuxième foyer principal f'' le point correspondant; son abscisse se déduira de l'équation II' qui donnera :

$$f'' - p = \frac{v_1(c - p)}{v_1 - v_2}. \qquad (12)$$

Cherchons de même le point f_1', premier foyer principal, tel que le faisceau incident qui y a son sommet est transformé par la réfraction en un faisceau parallèle à l'axe, ce qui exige $a' = \infty$. On a alors :

$$f'' - p = -\frac{v_2(c - p)}{v_1 - v_2}. \qquad (12)$$

Les quantités $f' - p'$ et $f'' - p$ sont les abscisses des foyers, comptées avec leur signe à partir du pôle p du dioptre : on les appelle la première et la deuxième distances focales. Nous les désignerons par φ' et φ''. On peut écrire :

$$\varphi' = -\frac{v_2\gamma}{v_1 - v_2}, \qquad \varphi'' = \frac{v_1\gamma}{v_1 - v_2}. \qquad (2 \text{ et } 3)$$

On déduit de là :

$$\frac{\varphi''}{\varphi'} = -\frac{v_1}{v_2}.$$

Les distances focales sont toujours de signe contraire, c'est-à-dire que les foyers sont toujours de part et d'autre de la surface réfringente.

D'autre part, la valeur arithmétique de leur rapport est égale à l'indice de réfraction relatif du second milieu par rapport au premier.

Calculons les distances des foyers au centre; on a :

$$f'' - c = \frac{v_2(c - p)}{v_1 - v_2}, \qquad f' - c = -\frac{v_1(c - p)}{v_1 - v_2}.$$

La distance d'un foyer au centre est égale à la distance de l'autre foyer au pôle du dioptre.

118. — A cause de l'identité des propriétés des divers diamètres, nous pouvons prévoir qu'il y aura aussi sur chaque axe secondaire un point, sommet du faisceau réfracté, correspondant à un faisceau incident parallèle à cet axe, et cela pour chaque direction que l'on peut considérer pour la lumière. Les points ainsi déterminés seront des foyers secondaires.

On peut démontrer directement leur existence :

Soit $y = t(x - a)$ un rayon incident et $y = t(x - c)$

l'axe secondaire parallèle. Cherchons l'intersection de cet axe avec le rayon réfracté dont l'équation *(III)* est :

$$y + tz = t \ \frac{v_2 \gamma + (v_1 - v_2)\, \alpha}{v_1 \gamma} \ (x - p).$$

L'abscisse du point d'intersection est donnée par :

$$t\,(x - c) = - t\alpha + t \ \frac{v_2 \gamma + (v_1 - v_2)\, \alpha}{v_1 \gamma} \ (x - p),$$

que l'on peut écrire, à cause de $c - p = \alpha$:

$$x - p = \gamma - \alpha + \frac{v_2 \gamma + (v_1 - v_2)\, \alpha}{v_1 \gamma} \ (x - p),$$

d'où, résolvant par rapport à $x - p$, il vient, toutes réductions faites :

$$x - p = \frac{v_1 \gamma}{v_1 - v_2},$$

valeur indépendante de *a*. Tous les rayons réfractés, correspondant à des rayons incidents parallèles à l'axe considéré, coupent donc cet axe en un même point qui est un premier foyer secondaire.

Il est à remarquer que la valeur de $x - p$ est aussi indépendante de *t*; par suite, les divers foyers secondaires correspondant à des directions quelconques ont une même abscisse; leur lieu est donc un plan perpendiculaire à l'axe : c'est le *plan focal.*

La valeur que nous venons de trouver est la même que celle déterminée précédemment pour $f'' - p$; donc, comme on pouvait le prévoir, le plan focal passe par le foyer.

Bien entendu, les résultats seraient les mêmes pour les premiers foyers : il y a un premier plan focal.

On aurait pu déduire l'existence et la position des plans focaux de la considération des images des droites perpendiculaires à l'axe, au lieu de les rechercher directement.

Il peut être intéressant de déterminer l'équation du rayon réfracté, en fonction des distances focales :

$$y + tz = t \ \frac{\alpha - \gamma'}{\gamma''} \ (x - p),$$

que l'on peut écrire :

$$y = t \ \frac{\alpha - \varphi'}{\varphi''} \left(x - p - \frac{\alpha \varphi''}{\alpha - \varphi'} \right), \qquad (IV')$$

ou encore :

$$y = t \ \frac{\alpha - \varphi'}{\varphi''} x - t \left[\alpha + \frac{p (\alpha - \varphi')}{\varphi''} \right]. \qquad (IV'')$$

119. — On pourrait reconnaître directement l'existence de plans antiprincipaux et de points antinodaux dans le cas des dioptres. Mais il suffira de faire la démonstration pour un système centré quelconque, et on pourra toujours en déduire le cas particulier du dioptre.

Il en sera de même, d'ailleurs, pour les divers cas particuliers que nous allons examiner, pour lesquels nous nous arrêterons seulement aux éléments indispensables, à savoir les plans focaux et les plans principaux.

120. *Systèmes formés par la réunion de deux dioptres.* — L'homocentricité d'un faisceau se conservant à travers un dioptre quelconque, car nous n'avons fait aucune hypothèse sur les valeurs à attribuer aux diverses quantités qui définissent ce dioptre, il est clair qu'elle subsistera à travers une suite quelconque de dioptres ayant même axe, constituant par suite un système centré.

Il est évident également qu'un système centré a deux plans focaux ; mais il est nécessaire de pouvoir déterminer leur position et d'indiquer les relations qu'ils ont avec d'autres points importants.

Nous examinerons d'abord le cas où le système centré est formé de deux dioptres : ce système possède des propriétés que nous déterminerons et qui appartiennent à un système centré quelconque, qui sont générales. Pour vérifier qu'il en est ainsi, nous démontrerons que si, à un système quelconque possédant ces propriétés, on en joint un autre les possédant également, leur ensemble jouira de ces mêmes propriétés. Comme la démonstration directe aura été donnée pour un dioptre simple et un système de deux dioptres, les propriétés seront bien générales.

121. *Points conjugués.* — Examinons le cas d'un système centré composé de deux dioptres p_1 et p_2, les milieux successifs étant caractérisés par les vitesses de propagation v_1, v_2 et v_3 ; les distances focales des deux dioptres sont alors *(2, 3)* :

$$\varphi_1' = -\frac{v_2\gamma_1}{v_1-v_2}, \; \varphi_1'' = \frac{v_1\gamma_1}{v_1-v_2}; \; \varphi_2' = -\frac{v_3\gamma_2}{v_2-v_3}, \; \varphi_2'' = \frac{v_2\gamma_2}{v_2-v_3}.$$

Donnons-nous le rayon réfracté dans le deuxième milieu caractérisé par son équation, que nous prendrons sous la forme :

$$y = t\,(x-\tau).$$

Nous pouvons écrire immédiatement l'équation *(IV)* du rayon réfracté dans le troisième milieu ; elle est :

$$y = t\,\frac{\tau-p_2-\varphi_2'}{\varphi_2''}\left[x-p_2-\frac{(\tau-p_2)\,\varphi_2''}{\tau-p_2-\varphi_2'}\right].$$

L'équation du rayon incident peut s'écrire facilement, à cause de la réversibilité ; car, si la lumière venait en sens contraire, ce rayon serait le rayon réfracté par le premier dioptre et correspondant au rayon $y = t\,(x-\tau)$. On aura donc son équation en changeant dans l'équation précédente l'indice 1 en 2, et en intervertissant les ' en '' et réciproquement, pour tenir compte du changement de sens de la lumière. L'équation cherchée est donc :

$$y = t\,\frac{\tau-p_1-\varphi_1''}{\varphi_1'}\left[x-p_1-\frac{(\tau-p_1)\,\varphi_1'}{\tau-p_1-\varphi_1''}\right].$$

Le rayon incident coupe l'axe en un point a, dont l'abscisse est définie par :

$$a-p_1 = \frac{(\tau-p_1)\,\varphi_1'}{\tau-p_1-\varphi_1''}. \tag{I'}$$

Le rayon émergent coupe l'axe en un point a', dont l'abscisse est donnée par :

$$a'-p_2 = \frac{(\tau-p_2)\,\varphi_2''}{\tau-p_2-\varphi_2'}. \tag{I''}$$

On aurait la relation qui existe entre les positions des deux points a et a' qui sont conjugués, en éliminant τ entre ces deux équations. Mais cette élimination, qui ne conduirait à aucun résultat simple, n'est pas nécessaire pour la suite de la discussion.

122. Foyers. — Cherchons à déterminer les foyers.

Le deuxième foyer F'' est le point conjugué de l'infini; son abscisse est donc la valeur de a' qui correspond à $a = \infty$. Pour $a = \infty$, il faut que l'on ait $\tau - p_1 - \rho_1'' = 0$ ou $\tau = p_1 + \rho_1''$, en portant cette valeur dans l'équation (V''), on aura :

$$F'' - p_2 = \frac{(p_1 - p_2 + \rho_1'')\rho_2''}{p_1 - p_2' + \gamma_1'' - \rho_1''} = \frac{(p_2 - p_1 - \rho_1'')\rho_2''}{p_2 - p_1 - \rho_1'' + \rho_2''}. \quad (VI)$$

Le premier foyer F' est aussi conjugué de l'infini; son abscisse est la valeur de a qui correspond à $a' = \infty$. Pour $a' = \infty$, il faut que l'on ait $\tau - p_2 - \rho_2' = 0$ ou $\tau = p_2 + \rho_2'$.

Portant cette valeur dans l'équation (V), on a de même :

$$F' - p_1 = \frac{(p_2 - p_1 + \rho_2')\rho_1'}{p_2 - p_1 + \rho_2' - \rho_1''}. \quad (VI')$$

Désignons par $\mathfrak{F}'$ et $\mathfrak{F}''$ les abscisses des points F' et F'', prises, respectivement par rapport aux points p_1 et p_2, et introduisons dans ces formules la quantité $\varepsilon = p_2 - p_1 + \rho_2' - \rho_1''$, dont on peut trouver aisément la signification géométrique ; on a, en effet, en substituant à ρ_2' et ρ_1'' leur valeur :

$$\varepsilon = p_2 - p_1 + (f_2' - p_2) - (f_1'' - p_1) = f_2' - f_1''.$$

ε est donc l'abscisse du premier foyer f_2' du deuxième dioptre par rapport au deuxième foyer f_1'' du premier dioptre.

Les formules deviennent alors :

$$\mathfrak{F}' = \frac{(\varepsilon + \rho_1'')\rho_1'}{\varepsilon} \quad \text{et} \quad \mathfrak{F}'' = \frac{(\varepsilon - \rho_2')\rho_2''}{\varepsilon}. \quad (6)$$

123. Plans principaux. Distances focales. — On appelle *plans principaux* deux plans perpendiculaires à l'axe et tels qu'un rayon incident quelconque et le rayon réfracté correspondant les coupent respectivement à la même distance de l'axe.

Soient P′ et P″ ces plans ; il faut que les ordonnées des points où ces plans sont rencontrés respectivement par le rayon incident et par le rayon réfracté soient égales, quel que soit le rayon incident, c'est-à-dire quels que soient t et τ qui, en réalité, caractérisent ce rayon.

Il faut donc que la relation :

$$t\frac{\tau - p_2 - \gamma_2'}{\gamma_2''}\left[P'' - p_2 - \frac{(\tau - p_2)\gamma_2''}{\tau - p_1 - \gamma_2'}\right]$$
$$= t\frac{\tau - p_1 - \gamma_1''}{\gamma_1'}\left[P' - p_1 - \frac{(\tau - p_1)\gamma_1'}{\tau - p_1 - \gamma_1''}\right],$$

soit vérifiée, quels que soient t et τ.

Cette condition est remplie pour t, évidemment.

L'équation peut s'écrire :

$$\frac{(P'' - p_2)(\tau - p_2 - \gamma_2')}{\gamma_2''} - (\tau - p_2)$$
$$= \frac{(P' - p_1)(\tau - p_1 - \gamma_1'')}{\gamma_1'} - (\tau - p_1),$$

et en ordonnant par rapport à τ :

$$\tau\left[\frac{P'' - p_2}{\gamma_2''} - 1 - \frac{P' - p_1}{\gamma_1'} + 1\right]$$
$$- \frac{(P'' - p_2)(p_2 + \gamma_2')}{\gamma_2''} + p_2 + \frac{(P' - p_1)(p_1 + \gamma_1'')}{\gamma_1'} - p_1 = 0.$$

Pour que cette équation soit vérifiée, quel que soit τ, il faut que l'on ait simultanément :

$$\frac{P'' - p_2}{\gamma_2''} - \frac{P' - p_1}{\gamma_1'} = 0,$$
$$p_2 - p_1 - \frac{(P'' - p_2)(p_2 + \gamma_2')}{\gamma_2''} + \frac{(P' - p_1)(p_1 + \gamma_1'')}{\gamma_1'} = 0.$$

En résolvant ces équations, il vient :

$$P' - p_1 = \frac{\varphi_1'(p_2 - p_1)}{p_2 - p_1 - \varphi_1'' + \varphi_2'},$$

et

$$P'' - p_2 = \frac{\varphi_2''(p_2 - p_1)}{p_2 - p_1 - \varphi_1'' + \varphi_2'}.$$

Ces équations que l'on peut écrire, en désignant $P' - p_1$, et $P'' - p_2$ par Ψ' et Ψ'' :

$$\Psi' = \frac{\varphi_1'(\varepsilon + \varphi_1'' - \varphi_2')}{\varepsilon}$$

et

$$\Psi'' = \frac{\varphi_2''(\varepsilon + \varphi_1'' - \varphi_2')}{\varepsilon}, \qquad (7)$$

déterminent les plans principaux.

On peut reconnaître que les points P' et P'' sont conjugués, ce qui n'est pas une conséquence forcée de la définition.

Cherchons successivement la valeur de τ, qui correspond à $a = P'$ et à $a' = P''$. On a :

$$\frac{\tau - p_1}{\tau - p_1 - \varphi_1''} = \frac{\varepsilon + \varphi_1'' - \varphi_2'}{\varepsilon} \text{ et } \frac{\tau - p_2}{\tau - p_2 - \varphi_2'} = \frac{\varepsilon + \varphi_1'' - \varphi_2'}{\varepsilon}.$$

Si les points P' et P'' sont conjugués, les valeurs de τ déduites de ces équations sont égales. Or, ces équations, résolues par rapport à $\tau - p_1$ et $\tau - p_2$, donnent :

$$\tau - p_1 = \frac{\varphi_1''(\varepsilon + \varphi_1'' - \varphi_2'')}{\varphi_1'' - \varphi_2'} \text{ et } \tau - p_2 = \frac{\varphi_2'(\varepsilon + \varphi_1'' - \varphi_2')}{\varphi_1'' - \varphi_2'}$$

d'où, par soustraction :

$$p_2 - p_1 = \varepsilon + \varphi_1'' - \varphi_2',$$

qui est une identité, car on a défini ε par la relation :

$$\varepsilon = p_2 - p_1 - \varphi_1'' + \varphi_2'.$$

124. — Cherchons maintenant les distances focales Φ' et Φ'' abscisses des foyers F' et F'' par rapport aux plans principaux correspondants ; on a :

$$\Phi' = F' - P' = \frac{\varphi_1'\varphi_2'}{\varepsilon}, \quad \text{et} \quad \Phi'' = F'' - P'' = \frac{-\varphi_1''\varphi_2''}{\varepsilon}. \quad (8)$$

Calculons le rapport de ces distances focales ; il vient :

$$\frac{\Phi'}{\Phi''} = -\frac{\gamma_1' \gamma_2'}{\gamma_1'' \gamma_2''},$$

et comme on a :

$$\frac{\gamma_1''}{\gamma_1'} = -\frac{v_1}{v_2} \quad \text{et} \quad \frac{\gamma_2''}{\gamma_2'} = -\frac{v_2}{v_3},$$

il vient :

$$\frac{\Phi''}{\Phi'} = -\frac{v_1}{v_3}.$$

Les distances focales sont toujours de signe contraire : les foyers sont de côté opposé par rapport aux plans principaux correspondants.

D'autre part, la valeur arithmétique de ce rapport est égale à l'indice de réfraction relatif du troisième milieu par rapport au premier ; le second milieu n'intervient pas.

Ces propriétés doivent être rapprochées des propriétés analogues que nous avons trouvées dans le cas d'un dioptre ; dans le cas du dioptre, la surface réfringente remplace l'ensemble des plans principaux.

125. *Équation du rayon émergent.* — Si nous admettons qu'un rayon quelconque a deux plans focaux F', F" et deux plans principaux P' et P", définis comme nous l'avons indiqué dans le cas simple précédent, on peut aisément trouver l'équation du rayon émergent correspondant à un rayon incident donné $y = t(x - a)$.

Ce rayon coupe, en effet, le plan P' en un point dont l'ordonnée est $t(P' - a)$; le point, situé sur le plan P", à la même hauteur, a pour coordonnées P" et $t(P' - a)$: nous savons que le rayon émergent doit passer par ce point.

D'autre part, menons par le foyer F' la parallèle $y = t(x - F')$ au rayon incident ; elle coupera le plan P' en un point dont l'ordonnée est $t(P' - F')$, et le rayon émergent, parallèle à l'axe, a pour équation $y = t(P' - F')$; le point où il rencontre le plan focal F" appartient au rayon réfracté : ses coordonnées sont F" et $t(P' - F')$.

Le rayon réfracté cherché passe par deux points dont les

coordonnées sont connues; on peut donc écrire immédiatement son équation, qui est :

$$y - t(P' - a) = \frac{t\,[(P' - F') - (P' - a)]}{F' - P''}\,(x - P''),$$

ou, appelant Φ' et Φ'' les distances focales du système considéré :

$$y - t(P' - a) = \frac{t\,[a - P' - \Phi']}{\Phi''}\,(x - P''). \qquad (VII)$$

Cette équation a une forme analogue à celle que nous avons trouvée dans le cas d'un dioptre.

Si nous appelons a' le point conjugué de a, c'est-à-dire le point où le rayon réfracté coupe l'axe, ce point devra satisfaire à l'équation :

$$- (P' - a) = \frac{a - P' - \Phi'}{\Phi''}\,(a' - P''). \qquad (VIII)$$

Cette équation, qui donne la relation entre deux points conjugués a et a', peut s'écrire :

$$(a - P')\,\Phi'' = (a - P')\,(a' - P'') - \Phi'\,(a' - P'').$$

Désignons par α la quantité $a - P'$, abscisse du point lumineux par rapport au premier plan principal P', et par α' la quantité $a' - P''$, abscisse de l'image par rapport au deuxième plan principal ; l'équation peut s'écrire :

$$\frac{\Phi''}{\Phi'} \cdot \frac{1}{\alpha'} = \frac{1}{\Phi'} - \frac{1}{\alpha},$$

ou

$$\frac{\Phi'}{\alpha} + \frac{\Phi''}{\alpha'} = 1. \qquad (5)$$

Ces équations sont de même forme que celles que nous avons indiquées pour le dioptre : elles sont absolument générales.

L'équation générale, en y remplaçant P' et P'' par leurs valeurs, peut s'écrire :

$$(a - F' + \Phi')\,\Phi'' + (a' - F'' + \Phi'')\,\Phi' = (a - F' + \Phi')\,(a - F'' + \Phi''),$$

ou, en réduisant :

$$(a - F')\,(a' - F'') = \Phi'\Phi'',$$

et en désignant par λ et λ' respectivement les abscisses de a par rapport à F' et de a' par rapport à F'' :

$$\lambda\lambda' = \Phi'\Phi'', \qquad (4)$$

formule identique à celle que nous avons indiquée directement pour le cas d'un dioptre.

126. *Système formé par la réunion de deux systèmes centrés.* — Nous allons étudier le système complexe formé par la réunion de deux systèmes centrés, et démontrer que, si l'on admet que ceux-ci possèdent des plans focaux et des plans principaux, le système composé possède également des plans focaux et des plans principaux définis de la même manière.

Soient les deux systèmes composants, définis par leurs foyers f' f'', leurs plans principaux p' p'', et différenciés par les indices 1 et 2; nous désignerons par $\epsilon = f_2' - f_1''$ l'abscisse de f_2' par rapport à f_1'' qui caractérise la position d'un système par rapport à l'autre.

Si v' est la vitesse de la lumière dans le premier milieu et v'' la vitesse dans le dernier milieu du premier système, on a :

$$\frac{\varphi_1''}{\varphi_1'} = -\frac{v'}{v''}.$$

Pour le deuxième système, la vitesse dans le premier milieu est v'' et si v''' est la vitesse dans le dernier milieu, on a aussi :

$$\frac{\varphi_2''}{\varphi_2'} = -\frac{v''}{v'''}.$$

Nous allons suivre une marche analogue à celle que nous avons suivie dans le cas de la réunion de deux dioptres.

Appelons $y = t(x - \tau)$ l'équation du rayon réfracté dans le milieu intermédiaire; nous pouvons écrire immédiatement (*VII*) l'équation du rayon émergent dans le dernier milieu : elle sera :

$$y - t(p_2' - \tau) = \frac{t(\tau - p_2' - \varphi_2')}{\varphi_2''}(x - p_2'').$$

Comme précédemment, par suite de la réversibilité (**121**), nous pouvons écrire, par de simples permutations d'indices, l'équation du rayon incident correspondant à $y = t(x - \tau)$; elle sera :

$$y - t(p_1'' - \tau) = \frac{t(\tau - p_1'' - \varphi_1'')}{\varphi_1'}(x - p_1').$$

On peut écrire ces équations ainsi qu'il suit :

$$y = \frac{l\,(\tau - p_1'' - \rho_1'')}{\rho_1'}\left[(x - p_1') + \frac{(p_1'' - \tau)\,\rho_1'}{\tau - p_1'' - \rho_1''}\right]$$

$$\text{et}\quad y = \frac{l\,(\tau - p_2' - \rho_2')}{\rho_2''}\left[(x - p_2'') + \frac{(p_2' - \tau)\,\rho_2''}{\tau - p_2' - \rho_2'}\right].$$

En faisant successivement $y = 0$ dans ces équations, on a les coordonnées des points a et a', où le rayon incident et le rayon émergent coupent l'axe. Il vient :

$$a - p_1' = \frac{(\tau - p_1'')\,\rho_1'}{\tau - p_1'' - \rho_1''}\quad\text{et}\quad a' - p_2'' = \frac{(\tau - p_2')\,\rho_2''}{\tau - p_2' - \rho_2'}. \quad (IX)$$

Les points a et a' sont conjugués. On aurait la relation qui existe entre leurs abscisses en éliminant τ entre ces deux équations. Cette élimination, assez longue, ne conduit à aucune formule intéressante et n'est pas nécessaire.

127. Foyers. — Déterminons les foyers F' et F''.

Le premier foyer F' est conjugué de l'infini : son abscisse F' est la valeur de a qui correspond à $a' = \infty$. Pour que l'on ait $a' = \infty$, il faut que $\tau - p_2' - \rho_2' = 0$ ou $\tau = p_2' + \rho_2'$. Substituant dans la formule qui donne a, on a :

$$F' - p_1' = \frac{(p_2' - p_1'' + \rho_2')\,\rho_1'}{p_2' - p_1'' - \rho_1'' + \rho_2'}.$$

Le deuxième foyer est conjugué de l'infini également; son abscisse est la valeur de a' qui correspond à $a = \infty$. Pour que l'on ait $a = \infty$, il faut que $\tau - p_1'' - \rho_1'' = 0$ ou $\tau = p_1'' + \rho_1''$. On a alors :

$$F'' - p_2'' = \frac{(p_1'' - p_2' + \rho_1'')\,\rho_2''}{p_1'' - p_2' + \rho_1'' - \rho_2'} = \frac{(p_2' - p_1'' - \rho_1'')\,\rho_2''}{p_2' - p_1'' - \rho_1'' + \rho_2'},$$

formules qui deviennent, en introduisant les abscisses :

$$\mathfrak{F}' = F' - p_1', \quad \mathfrak{F}'' = F'' - p_2'' \quad \text{et} \quad \varepsilon = f_2' - f_1'',$$

$$\mathfrak{F}' = \frac{(\varepsilon + \rho_1'')\,\rho_1'}{\varepsilon}\quad\text{et}\quad\mathfrak{F}'' = \frac{(\varepsilon - \rho_2')\,\rho_2''}{\varepsilon}, \quad (6)$$

car on a :

$$p_2' - p_1'' - \rho_1'' + \rho_2'$$
$$= p_2' - p_1'' - (f_1'' - p_1'') + (f_2' - p_2') = f_2' - f_1''.$$

128. *Plans principaux.* — Cherchons s'il existe des plans principaux définis comme précédemment, c'est-à-dire tels qu'un rayon incident quelconque et le rayon émergent correspondant coupent respectivement le premier et le deuxième plan principal à la même distance de l'axe.

Comme précédemment aussi, si P' et P'' sont les abscisses de ces plans, il faut que l'équation :

$$l\,(p_1'' - \tau) + \frac{l\,(\tau - p_1'' - \varphi_1'')}{\varphi_1'}\,(\mathrm{P}' - p_1')$$
$$= l\,(p_2' - \tau) + \frac{l\,(\tau - p_2' - \varphi_2')}{\varphi_2''}\,(\mathrm{P}'' - p_2''),$$

soit vérifiée, quelles que soient les valeurs de l et de τ.

La condition est satisfaite d'elle-même pour l.

Ordonnons l'équation par rapport à τ :

$$\tau\left[-1 + \frac{\mathrm{P}' - p_1'}{\varphi_1'} + 1 - \frac{p_1'' - p_2''}{\varphi_2''}\right] + p_1'' - p_2'$$
$$- \frac{(p_1'' + \varphi_1'')(\mathrm{P}' - p_1')}{\varphi_1'} + \frac{(p_2' + \varphi_2')}{\varphi_2''}(\mathrm{P}'' - p_2'') = 0.$$

Pour que cette équation soit vérifiée par toutes les valeurs de τ, il faut que l'on ait simultanément :

$$\frac{\mathrm{P}' - p_1'}{\varphi_1'} - \frac{\mathrm{P}'' - p_2''}{\varphi_2''} = 0$$

et $p_1'' - p_2' - \dfrac{(p_1'' + \varphi_1'')(\mathrm{P}' - p_1')}{\varphi_1'} + \dfrac{(p_2' + \varphi_2')(\mathrm{P}'' - p_2'')}{\varphi_2''} = 0.$

En résolvant ces équations, on déterminera les valeurs de P' et P'' qui satisfont à la condition imposée ; il vient :

$$\mathrm{P}' - p_1' = \frac{(p_2' - p_1'')\,\varphi_1'}{p_2' - p_1'' - \varphi_1'' + \varphi_2'}$$

et $\qquad \mathrm{P}'' - p_2'' = \dfrac{(p_2' - p_1'')\,\varphi_2''}{p_2' - p_1'' - \varphi_1'' + \varphi_2'},$

et en y introduisant les quantités $\Psi' = \mathrm{P}' - p_1'$, $\Psi'' = \mathrm{P}'' - p_2''$ et ε :

$$\Psi' = \frac{(\varepsilon + \varphi_1'' - \varphi_2')\,\varphi_1'}{\varepsilon} \quad \text{et} \quad \Psi'' = \frac{(\varepsilon + \varphi_1'' - \varphi_2')\,\varphi_2''}{\varepsilon}. \quad (7)$$

On reconnaîtrait comme précédemment que les plans principaux ainsi déterminés sont conjugués.

129. *Distances focales* — Cherchons maintenant les distances focales Φ' et Φ'', abscisses des foyers par rapport aux plans principaux correspondants. On a :

$$\Phi' = F' - P' = \frac{\gamma_1' \gamma_2'}{\varepsilon} \quad \text{et} \quad \Phi'' = F'' - P'' = -\frac{\gamma_1'' \gamma_2''}{\varepsilon} . \quad (8)$$

Cherchant le rapport des distances focales, il vient :

$$\frac{\Phi''}{\Phi'} = -\frac{\gamma_1'' \gamma_2''}{\gamma_1' \gamma_2'} = -\frac{v'}{v'''} .$$

Les distances focales sont toujours de signe contraire : les foyers sont donc l'un en avant, l'autre en arrière du plan principal correspondant.

De plus, la valeur arithmétique du rapport des distances focales est égale à l'indice de réfraction du dernier milieu par rapport au premier : les milieux intermédiaires n'interviennent pas dans l'évaluation de ce rapport.

En résumé, nous voyons qu'une combinaison quelconque de deux systèmes centrés simples ou composés, ayant des plans focaux et des plans principaux, possède également des plans focaux et des plans principaux disposés dans un ordre tel et à des distances telles que les conditions générales sont les mêmes.

Mais nous avons démontré directement l'existence de ces plans cardinaux pour le cas d'un dioptre ou d'un système formé de deux dioptres ; donc l'existence de ces plans est générale.

130. *Éléments cardinaux d'un système centré.* — Indépendamment des plans focaux et des plans principaux, il est intéressant de considérer d'autres éléments, qui sont utiles ou commodes pour les discussions et les constructions ; ce sont :

Les *plans antiprincipaux*, plans tels qu'un rayon incident et le rayon émergent correspondant les rencontrent respectivement à la même distance de l'axe, mais de part et d'autre de cet axe.

Les *points nodaux*, points de l'axe, tels que le rayon incident passant par le premier point nodal est parallèle au rayon émergent passant par le deuxième point nodal : ces deux rayons font avec l'axe le même angle dans le même sens.

Les *points antinodaux*, points de l'axe, tels que le rayon incident passant par le premier point antinodal et le rayon émergent passant par le deuxième point antinodal, sont également inclinés sur l'axe, mais en sens contraire.

Les points nodaux sont nécessairement conjugués par la définition même; les points antinodaux sont également conjugués.

Les plans antiprincipaux sont aussi conjugués ; mais cela ne résulte pas de la définition et doit être démontré.

Tout système centré possède ces points et ces plans par le fait même qu'il possède des plans focaux et des plans principaux; c'est ce qui résultera des calculs que nous établirons pour le cas général.

Ces divers éléments d'un système centré constituent ce que l'on appelle les *éléments cardinaux* du système.

131. *Plans antiprincipaux.* — Soit un système centré quelconque défini par ses plans focaux F', F'', et ses plans principaux P' et P'', et dans lequel on sait que l'on a :

$$\frac{\phi''}{\phi'} = -\frac{v'}{v''} = -k,$$

v' et v'' étant les vitesses de propagation dans le premier et dans le dernier milieux.

Nous avons trouvé, dans ce cas, que si le rayon incident a pour équation :

$$y = t(x - a),$$

le rayon réfracté correspondant a pour équation *(VII)* :

$$y - t(P' - a) = \frac{t[a - P' - \phi']}{\phi''} (x - P'').$$

Désignons par Q' et Q'' les plans antiprincipaux ; écrivons que les points où ces plans sont coupés par les rayons considérés ont des ordonnées égales et de signe contraire et que cette égalité subsiste pour toutes les valeurs de t et de a qui caractérisent un rayon déterminé.

On doit donc avoir identiquement :

$$- t(Q' - a) = t(P' - a) + \frac{t[a - P' - \Phi']}{\Phi''}(Q'' - P'').$$

La condition est satisfaite d'elle-même pour t.

Ordonnons l'équation par rapport à a :

$$a\left[1 + 1 - \frac{Q'' - P''}{\Phi''}\right] - P' - Q' + \frac{P' + \Phi'}{\Phi''}(Q'' - P'')\right] = 0.$$

Pour que cette équation soit satisfaite pour toutes les valeurs de a, il faut que l'on ait simultanément :

$$2 - \frac{Q'' - P''}{\Phi''} = 0 \quad \text{et} \quad P' + Q' - \frac{(P' + \Phi')(Q'' - P'')}{\Phi''} = 0,$$

d'où l'on déduit :

$$Q'' - P'' = 2\Phi'' = 2(F'' - P''),$$
et
$$Q' - P' = 2\Phi' = 2(F' - P').$$

On déduit encore de ces équations :

$$Q'' - F'' = F'' - P'' = \Phi'' \quad \text{et} \quad Q' - F' = F' - P' = \Phi',$$

c'est-à-dire que chacun des plans ainsi déterminés est symétrique du plan principal correspondant par rapport au foyer du même groupe.

On reconnaît immédiatement que si l'on substitue les valeurs $Q' = 2\Phi' + P'$ et $Q'' = 2\Phi'' + P''$ dans l'équation qui lie les abscisses des points conjugués, on arrive à une identité.

Les plans Q' et Q'' jouissent donc bien de la propriété qui définit les plans antiprincipaux ; de plus, ce sont des plans conjugués.

132. *Points nodaux.* — Considérons les points nodaux N' et N'' ; ce sont des points conjugués, de telle sorte qu'on doit avoir entre eux la relation *(VIII)* :

$$- (P' - N') = \frac{N' - P' - \Phi'}{\Phi''}(N'' - P'') :$$

de plus, le parallélisme des rayons conduit à :

$$l = \frac{l(N' - P' - \Phi')}{\Phi''},$$

ou :
$$\Phi'' = N' - P' - \Phi'.$$

Cette dernière équation donne immédiatement :

$$N' - P' = \Phi'' + \Phi'.$$

La première donne alors aussi :

$$N'' - P'' = \Phi'' + \Phi'.$$

La distance d'un point nodal au plan principal correspondant est égale à la somme algébrique des distances focales ; ces distances sont portées d'un même côté.

Les équations précédentes peuvent s'écrire :

$$N' - P' = F'' - P'' + F' - P' \quad \text{et} \quad N'' - P'' = F'' - P'' + F' - P',$$
$$\text{ou} \quad N' - F' = F'' - P'' = \Phi'' \quad \text{et} \quad N'' - F'' = F' - P' = \Phi'.$$

La distance d'un point nodal au foyer correspondant est égale à la distance focale de l'autre groupe.

133. *Points antinodaux.* — Examinons enfin les points antinodaux M' et M'' ; ce sont des points conjugués, de telle sorte qu'on doit avoir entre eux la relation *(VIII)* :

$$- (P' - M') = \frac{M' - P' - \Phi'}{\Phi''} (M'' - P'');$$

la condition que les angles avec l'axe sont égaux et de sens contraire permet d'écrire :

$$l = - \frac{K(M' - P' - \Phi')}{\Phi''},$$

ou :
$$\Phi'' = - (M' - P' - \Phi').$$

Cette dernière équation donne immédiatement :

$$M' - P' = \Phi' - \Phi'';$$

et la première donne aussi :

$$M'' - P'' = \Phi' - \Phi''.$$

La distance d'un point antinodal au plan principal correspondant est égale à la différence algébrique $\Phi' - \Phi''$ des distances focales : les deux distances sont portées dans le même sens.

Les équations précédentes donnent aussi :

$$M' - P' = F' - P' - F'' + P'' \quad \text{ou} \quad M' - F' = -(F'' - P''),$$

et de même : $\qquad M'' - F'' = -(F' - P').$

La distance d'un point antinodal au foyer correspondant est égale et de signe contraire à la distance focale de l'autre groupe.

On voit aussi que l'on a :

$$M' - F' = -(N' - F') \qquad \text{et} \qquad M'' - F'' = -(N'' - F''),$$

c'est-à-dire que chaque point antinodal est symétrique du point nodal correspondant par rapport au foyer du même groupe.

134. — L'existence des plans antiprincipaux, des points nodaux et des points antinodaux est donc vérifiée dans tous les cas, et les valeurs auxquelles nous sommes parvenus et qui les déterminent montrent la disposition régulière de ces éléments et des plans dont nous avions déjà parlé et leur répartition en deux groupes : le premier contenant F', P', Q', N' et M', le second comprenant F'', P'', Q'', N'' et M''.

Il existe, d'ailleurs, entre ces points, les relations simples suivantes qui sont distinctes :

$$F' - P' = Q' - F'. \qquad F'' - P'' = Q'' - F'',$$
$$F' - M' = N' - F'. \qquad F'' - M'' = N'' - F'',$$
$$F' - M' = F'' - P''. \qquad F'' - M'' = F' - P'.$$

Il y a dix éléments à considérer; il y a six équations de condition; le système sera donc complètement déterminé si l'on se donne quatre éléments, à la condition que ces quatre éléments ou trois d'entre eux ne soient pas ceux qui sont liés par une des relations précédentes.

135. *Étude analytique des lentilles.* — Comme application des formules précédemment trouvées, nous allons les appliquer au cas des lentilles pour en faire une discussion complète.

Les lentilles sont formées de la réunion de deux dioptres , les formules générales se simplifieront donc, puisque les systèmes composants sont réduits au maximum de simplicité. La condition que ces systèmes sont des dioptres entraine, en effet, la coïncidence de p_1' et p_1'' que nous représenterons par p_1, et de p_2' et p_2'' que nous représenterons par p_2. Nous aurons ensuite à remplacer les distances focales en fonction des rayons de courbure, à l'aide des formules :

$$\gamma_1' = - \frac{v_2}{v_1 - v_2}(c_1 - p_1), \qquad \gamma_1'' = \frac{v_2}{v_1 - v_2}(c_1 - p_1),$$

$$\gamma_2' = \frac{v_1}{v_1 - v_2}(c_2 - p_2), \qquad \gamma_2'' = - \frac{v_2}{v_1 - v_2}(c_2 - p_2).$$

Les formules (6 et 7) relatives aux foyers et aux plans principaux deviennent après réduction :

$$F' - p_1 = \frac{-v_2(c_1 - p_1)[v_1(c_2 - p_1) + v_2(p_1 - p_2)]}{(v_1 - v_2)[v_1(c_2 - c_1) + v_2(p_1 - p_2)]},$$

$$F'' - p_2 = \frac{v_2(c_2 - p_2)[v_1(c_1 - p_2) - v_2(p_1 - p_2)]}{(v_1 - v_2)[v_1(c_2 - c_1) + v_2(p_1 - p_2)]},$$

$$P' - p_1 = \frac{v_2(p_1 - p_2)(c_1 - p_1)}{v_1(c_2 - c_1) + v_2(p_1 - p_2)},$$

$$P'' - p_2 = \frac{v_2(p_1 - p_2)(c_2 - p_2)}{v_1(c_2 - c_1) + v_2(p_1 - p_2)}.$$

On tire de là quelques autres formules utiles dans la discussion.

Cherchons d'abord la distance des deux plans principaux $P'' - P'$. On a :

$$P'' - P' = (P'' - p_2) - (P' - p_1) + p_2 - p_1$$

$$= \frac{v_2(p_1 - p_2)(c_2 - p_2 - c_1 + p_1)}{v_1(c_2 - c_1) + v_2(p_1 - p_2)} + p_2 - p_1.$$

$$P'' - P' = \frac{-(v_1 - v_2)(c_2 - c_1)(p_1 - p_2)}{v_1(c_2 - c_1) + v_2(p_1 - p_2)}.$$

Nous pourrions chercher les distances focales $F' - P'$ et $F'' - P''$; mais il suffit de considérer l'une d'elles, la deuxième par exemple. Nous la représenterons par Φ :

$$\Phi = F'' - P''$$

$$= \frac{v_2 \, (c_2 - p_2)[v_1 \, (c_1 - p_2) + v_2(p_2 - p_1) + (v_1 - v_2) \, (p_2 - p_1)]}{(v_1 - v_2) \, [v_1 \, (c_2 - c_1) - v_2 \, (p_2 - p_1) \,]},$$

$$\Phi = \frac{v_1 v_2 \, (c_1 - p_1) \, (c_2 - p_2)}{(v_1 - v_2) \, [v_1 \, (c_2 - c_1) + v_2 \, (p_1 - p_2)]} \,.$$

Telles sont les valeurs qu'il faut discuter pour se rendre compte de la position des éléments cardinaux dans les divers cas.

Remarquons que la quantité $p_1 - p_2$ est essentiellement positive; il en est de même de $v_1 - v_2$ dans la pratique (quoiqu'il ne soit pas impossible de réaliser des conditions inverses).

Enfin, nous admettrons que les lentilles soient assez minces pour que la distance des centres soit plus grande que l'épaisseur : il en est toujours ainsi dès que c_2 et c_1 sont de signes contraires, c'est-à-dire tant que les centres sont de part et d'autre de la lentille; cette condition n'est pas nécessaire pour les ménisques, mais nous admettrons qu'elle existe, c'est-à-dire qu'il existe une assez grande différence de courbure entre les deux faces.

Dans ces conditions, la valeur absolue de $v_1 (c_2 - c_1)$ est nécessairement supérieure à $v_2 (p_1 - p_2)$, puisque $v_1 > v_2$, et le signe du dénominateur sera celui de $c_2 - c_1$.

On voit dès lors immédiatement que $P'' - P'$ sera toujours négatif, c'est-à-dire que, dans le sens de la propagation de la lumière, le premier plan principal est toujours avant le deuxième.

D'autre part, dans la pratique également, l'épaisseur étant petite par rapport à chacun des rayons, la valeur arithmétique de $c_2 - p_1$ sera supérieure à $p_1 - p_2$; à plus forte raison, $v_1 (c_2 - p_1)$ sera-t-il supérieur à $v_2 (p_1 - p_2)$, de telle sorte que le signe de $v_1 (c_2 - p_1) + v_2 (p_1 - p_2)$ sera celui de $c_2 - p_1$.

Examinons successivement les diverses formes de lentilles, en laissant de côté les formes qui font double emploi (**86**).

136. *Lentille biconvexe.* — Dans le cas de cette lentille, on a évidemment :

$$c_2 > p_1 > p_2 > c_1.$$

Le dénominateur des diverses valeurs est positif. La quantité $c_1 - p_1$ est < 0 et $c_2 - p_1 > 0$; donc la valeur de F″ $- p_1$ est positive, le foyer F″ est à gauche de p_1 : il est réel.

D'autre part, $c_2 - p_2$ est > 0 et $c_1 - p_2 < 0$; donc la valeur de F″ $- p_2$ est négative, le foyer F″ est à droite de p_2 : il est réel.

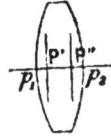

Fig. 107.

La lentille est convergente dans les deux sens. On a ensuite, en considérant les plans principaux : les facteurs $p_2 - p_1 < 0$ et $c_1 - p_1 < 0$; donc la valeur de P′ $- p_1$ est négative; le premier plan principal est à droite de la première face p_1.

En étudiant P″ $- p_2$, on voit que $c_2 - p_2 > 0$ et que, dès lors, P″ $- p_2$ est > 0; le deuxième plan principal est à gauche de la deuxième face.

Comme, d'autre part, le plan P′ doit toujours être à gauche du plan P″, on voit que ces deux plans sont à l'intérieur de la lentille et que, avec les faces, ils se présentent dans l'ordre : p_1P′P″p_2 (fig. 107).

Enfin, comme on a $c_1 - p_1 < 0$ et $c_2 - p_2 > 0$, la valeur de ϕ est négative, le système est direct. C'est ce qui résultait déjà de ce qui précède, puisque le point P″ était à gauche de p_2 et le point F″ à droite.

137. *Lentille plan concave.* — Nous supposerons la première face plane $c_1 = \infty$ et l'on aura alors :

$$c_2 > p_1 > p_2.$$

La valeur de F″ $- p_1$ se réduit en y faisant $c_1 = \infty$ à :

$$F'' - p_1 = \frac{- v_2 [v_1(c_2 - p_1) + v_2(p_1 - p_2)]}{- v_1(v_1 - v_2)}.$$

et comme on a $c_2 - p_1 > 0$, la valeur de F″ $- p_1$ est positive : le foyer F″ est à gauche de la première face; il est réel.

En introduisant la même condition dans la valeur de $F'' - p_2$, on a :

$$F'' - p_2 = \frac{- v_2 (c_2 - p_2)}{v_1 - v_2},$$

valeur négative, puisque l'on a $c_2 - p_2 > 0$. Le foyer F'' est donc à droite de p_2; il est réel.

On remarquera, de plus, que sa valeur est égale à celle de φ_2''.

On pouvait le prévoir, car un faisceau parallèle à l'axe tombe normalement sur la première face et n'est pas modifié; c'est donc un faisceau parallèle à l'axe qui tombe sur le deuxième dioptre et qui doit, dès lors, après réfraction, converger au foyer de ce dioptre.

Fig. 108.

En faisant c_1 infini dans $P' - p_1$, il vient :

$$P' - p_1 = \frac{- v_2 (p_1 - p_2)}{v_1},$$

quantité positive; le premier plan principal est à droite de la face p_1.

On a, d'autre part, dans les mêmes conditions :

$$P'' - p_2 = 0,$$

le second plan principal coïncide avec la deuxième face. Le premier plan, qui doit toujours être à gauche de la première, est donc nécessairement compris à l'intérieur de la lentille (fig. 108); d'ailleurs, $P' - p_1 < p_2 - p_1$, puisque $v_2 < v_1$.

Dans ce cas, la distance focale Φ doit être égale à $F'' - p_2$, à cause de la coïncidence de P'' et de p_2. La valeur de Φ donne, en effet :

$$\Phi = \frac{- v_2 (c_2 - p_2)}{v_1 - v_2}.$$

138. *Ménisque convergent.* — Dans ce cas, la face convexe étant supposée être placée la deuxième, on a :

$$c_1 \qquad c \qquad p_1 > p_2.$$

On a, dans ce cas : $c_2 - c_1 > 0$; le dénominateur de toutes les valeurs est donc positif.

On a ensuite $c_1 - p_1 > 0$ et $c_2 - p_1 > 0$; donc la valeur de $F' - p_1$ est positive : le foyer F' est à gauche de p_1: il est réel.

On a, d'autre part, $c_2 - p_2$ et $c_1 > p_2$; la valeur de $F'' - p_2$ est négative : le foyer F'' est à droite de p_2; il est réel.

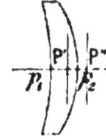

On a $c_1 - p_1 > 0$ et $c_2 - p_2 > 0$; les deux valeurs de $P' - p_1$ et $P'' - p_2$ sont négatives l'une et l'autre : le plan P' est à droite de p_1 et le plan P'' est à droite de p_2. On voit immédiatement que ce dernier est en dehors de la lentille du côté de la convexité (fig. 109).

Fig. 109.

Quant au premier plan, on ne peut dire *a priori* s'il est en dedans de la lentille ou en dehors du côté de la convexité : les deux cas peuvent se présenter ainsi, bien entendu, que le cas intermédiaire où le plan P' coïnciderait avec p_2 (*).

Quant à la distance focale, elle est négative, car on a $c_1 - p_1 > 0$ et $c_2 - p_2 > 0$. Le deuxième foyer est à droite du plan principal, le système est direct : on pouvait le reconnaître immédiatement car F' est certainement à gauche de P', puisque F' est à gauche de p_1 et que P' est à droite de ce même plan.

139. *Lentille biconcave.* — Dans le cas de la lentille biconcave, on a :

$$c_1 > p_1 - p_2 > c_2.$$

(*) Pour que le plan P' coïncide avec p_2, il faut que l'on ait :

$$P' - p_1 = \frac{r_2 (p_1 - p_2) (c_2 - p_1)}{r_1 (c_2 - c_1) + r_2 (p_1 - p_2)} = p_2 - p_1,$$

ce qui conduit à :

$$(p_1 - p_2) [r_2 (p_2 - c_2) - r_1 (c_2 - c_1)] = 0.$$

La coïncidence existera donc :

1° Si $p_1 - p_2 = 0$, la lentille est alors infiniment mince;

2° S'il existe entre les données la relation $r_2 (p_2 - c_2) - r_1(c_2 - c_1) = 0$.

Une discussion facile montrerait, dans chaque cas, quel signe doit avoir le premier membre pour que le plan principal soit à l'intérieur ou l'extérieur de la lentille.

On a, dans ce cas, $c_2 - c_1 < 0$ et le dénominateur des diverses formules est négatif.

On a $c_1 - p_1 > 0$ et $c_2 - p_1 < 0$: la valeur de $F' - p_1$ est donc négative; F' est a droite du point p_1, virtuel, par conséquent.

On a, d'autre part, $c_2 - p_2 < 0$ et $c_1 - p_2 > 0$: la valeur de $F'' - p_2$ est positive; F'' est à gauche de la première face, virtuel, par conséquent.

La lentille est donc divergente.

Fig. 110.

On a ensuite $c_1 - p_1 > 0$ et $c_2 - p_2 < 0$; donc la valeur de $P' - p_1$ est négative et celle de $P'' - p_2$ positive. Il en résulte que P' est à droite de p_1 et P'' à gauche de p_2; comme, de plus, P' est à gauche de P'' toujours, les deux plans principaux sont à l'intérieur de la lentille (fig. 110).

On voit que la distance focale est positive, car on a $c_1 - p_1 > 0$ et $c_2 - p_2 < 0$, par suite $\Phi > 0$. La lentille biconcave appartient donc au système inverse.

140. *Lentille plan-concave.* — Nous supposerons la première face plane : on a alors :

$$c_1 = \infty \qquad \text{et} \qquad p_1 > p_2 > c_2.$$

En introduisant la condition que c_1 est infini, les diverses formules deviennent :

$$F' - p_1 = \frac{v_2[v_1(c_2 - p_1) + v_2(p_1 - p_2)]}{(v_1 - v_2)v_1}, \quad F'' - p_2 = \frac{-v_2(c_2 - p_2)}{v_1 - v_2},$$

$$P' - p_1 = \frac{-v_2(p_1 - p_2)}{v_1}, \quad P'' - p_2 = 0, \quad \Phi = \frac{-v_2(c_2 - p_2)}{v_1 - v_2}.$$

Comme on a $c_2 - p_1 < 0$, on voit que l'on a $F' - p_1 < 0$; le premier foyer F' est à droite de p_1, virtuel par conséquent. On a $c_2 - p_2 < 0$; donc $F'' - p_2 > 0$, le point F'' est à gauche de p_2, virtuel : de plus, cette valeur est égale à φ_2'', ainsi qu'on aurait pu le prévoir, comme nous l'avons dit pour la lentille plan-convexe.

On a $P' - p_1 < 0$, le premier plan principal est à droite de la face plane; on voit, de plus, que $P' - p_1 < p_2 - p_1$, car $v_2 < v_1$, donc ce plan est avant la deuxième face, à l'intérieur de la lentille.

On voit ensuite que P'' est égal à p_2, le second plan principal coïncide avec la face plane (fig. 111).

La distance focale du système est égale à celle de la deuxième face; nous savions déjà que les foyers de l'un et de l'autre coïncident et, de plus, la coïncidence du plan principal et de la face entraîne l'égalité des distances focales.

Fig. 111.

141. *Ménisque divergent.* — Nous supposerons que la face concave soit placée la deuxième : on a alors :

$$p_1 > p_2 > c_2 > c_1.$$

On a $c_2 - c_1 > 0$: le dénominateur est donc positif pour toutes les valeurs.

On a ensuite $c_1 - p_1 < 0$ et $c_2 - p_1 < 0$: la valeur de $F' - p_1$ est donc négative, le point F' est à droite de p_1, le premier foyer est virtuel.

D'autre part, on a $c_2 - p_2 < 0$ et $c_1 - p_2 < 0$: donc $F'' - p_2 > 0$, le point F'' est à gauche de p_2, le deuxième foyer est virtuel.

Comme on a $c_1 - p_1 < 0$ et $c_2 - p_2 < 0$, on voit que les quantités $P' - p_1$ et $P'' - p_2$ sont négatives l'une et l'autre; les plans principaux P' et P'' sont à droite, respectivement, de p_1 et p_2. En ce qui concerne le second plan principal, il se trouve en dehors de la lentille, du côté de la concavité; quant au premier plan, on ne peut dire, *a priori*, s'il est à l'intérieur

Fig. 112.

ou à l'extérieur de la lentille : cela dépend des valeurs particulières des données de la lentille (fig. 112).

La valeur de Φ est positive, car on a $c_1 < p_1$ et $c_2 < p_2$; on pouvait le prévoir, d'ailleurs, car F'' étant à gauche de p_2 est également à gauche de P'', qui est à droite de p_2.

142. — Toute la discussion précédente repose, comme nous l'avons dit, sur ce que nous supposons que l'épaisseur de la lentille $p_1 - p_2$ est, en valeur arithmétique, petite par rapport aux rayons $c_1 - p_1$, $c_2 - p_2$ et à la distance des centres $c_2 - c_1$. Les résultats pourraient être totalement modifiés si ces conditions n'étaient pas réalisées ; mais il est inutile de s'arrêter à l'examen des cas qui se présenteraient alors : les systèmes que l'on obtiendrait ne seraient pas ce que l'on appelle à proprement parler des lentilles. Nous ne connaissons pas de circonstances où des appareils de ce genre soient employés ; ils présenteraient dans la pratique de sérieux inconvénients.

CHAPITRE V

INSTRUMENTS D'OPTIQUE

§ I. — Considérations générales.

143. *Des instruments d'optique.* — On appelle *instruments d'optique* un ensemble de surfaces réfléchissantes ou réfringentes disposées de manière à changer la direction ou la convergence des faisceaux lumineux dans un but déterminé.

Nous ne nous proposons pas d'étudier tous les instruments d'optique, mais seulement quelques-uns des principaux qui nous fourniront l'occasion d'appliquer les résultats généraux que nous avons trouvés.

Nous laisserons de côté les appareils qui ne produisent qu'un changement de direction, comme la chambre claire, et ceux qui donnent essentiellement des images réelles, comme la chambre noire, les appareils à projection.

Les appareils dont nous nous occuperons sont destinés à être placés devant l'œil et à modifier les conditions de la vision.

Lorsque l'on regarde un objet, il s'en fait sur la rétine une image réelle et renversée ; chaque point de l'objet envoie sur l'œil un faisceau, divergent en général, parallèle si l'objet est à une distance infinie, et ce faisceau est transformé en un faisceau convergent, dont le sommet est sur la rétine.

Par son passage à travers l'instrument, le faisceau considéré est modifié, mais il doit arriver à l'œil de manière que le faisceau réfracté continue à avoir son sommet sur la rétine. Par ce changement, l'image qui se forme sur la rétine est également modifiée, et l'on peut dire que, d'une manière générale, l'image rétinienne qui se produit par l'emploi d'un instrument d'optique est plus grande que l'image rétinienne que fournit directement l'objet ; c'est dans ce grandissement de l'image rétinienne que consiste l'avantage de l'instrument.

Le plus souvent, les faisceaux qui, sortant de l'instrument, arrivent à l'œil sont divergents, ils sont donc dans les mêmes conditions que s'ils venaient des sommets *virtuels* des faisceaux, que s'ils venaient de l'image virtuelle de l'objet fournie par l'instrument. Cette image virtuelle doit donc être placée dans les mêmes conditions de distance où se trouverait un objet (c'est-à-dire être placée, comme nous le dirons, entre le *punctum remotum* et le *punctum proximum)* (**146**).

Pour certains états de l'œil de l'observateur (hypermétropie), il pourrait y avoir vision nette, même si les faisceaux sortant de l'instrument étaient convergents, pourvu que les sommets de ces faisceaux fussent au moins aussi éloignés que le *punctum remotum*. La vision se ferait, pour ce cas, dans des conditions qui ne se présentent jamais dans la vision directe.

Dans le cas où l'instrument agit de manière que l'effet soit le même que si l'observateur regardait une image virtuelle, il n'est pas vrai, au point de vue physique, que les conditions soient les mêmes que si l'observateur regardait un objet remplaçant cette image virtuelle. La différence essentielle consiste en ce que chaque point d'un objet envoie de la lumière dans toutes les directions, tandis que chaque point d'une image virtuelle correspond à un faisceau limité. Pour que ce point soit vu, il faut donc que ce faisceau limité soit tel qu'il tombe en totalité ou en partie sur l'ouverture de la pupille.

144. *De la vision.* — Il résulte des remarques que nous venons de faire que presque jamais les instruments d'optique proprement dits ne peuvent être étudiés d'une manière complète si l'on ne tient compte de l'œil devant lequel ils sont placés. Cette considération nous oblige à donner quelques rapides indications sur l'organe de la vision.

L'œil est un appareil optique convergent par lequel il se fait, sur une membrane sensible, la *rétine*, une image réelle des objets extérieurs.

Lorsqu'un faisceau lumineux rencontre la rétine, nous éprouvons une sensation présentant plusieurs caractères ou qualités différentes : l'intensité, la couleur...; mais, de plus, s'il se fait sur la rétine même une image réelle, nous avons avec précision la notion de la forme de l'objet, nous le *voyons nettement*. Il ne suffit pas de voir nettement, il faut, de plus, voir les détails de l'objet : on voit un nombre de détails d'autant plus grand que l'image rétinienne réelle est plus grande. Outre que cette notion est aisée à concevoir, elle est bien d'accord avec la manière dont, en physiologie, on est conduit à imaginer le mode de fonctionnement de la rétine (*).

145. *De l'œil et des diverses espèces de vues.* —Au point de vue optique, l'œil s'écarte peu d'un système centré défini, comme nous l'avons fait d'une manière générale (**); il comprend (fig. 113) plusieurs milieux diversement réfringents, limités par des surfaces sensiblement sphériques, dont

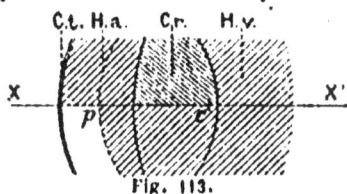

Fig. 113.

(*) Sans vouloir insister, indiquons la différence entre ces deux ordres d'idées : on voit nettement quand un point lumineux donne la sensation d'un point, non d'une tache ; quand, étant données au contact deux surfaces, l'une blanche, l'autre noire, la séparation est bien tranchée. On voit les détails lorsque deux, trois points lumineux très rapprochés donnent, non pas une sensation unique, mais deux, trois sensations distinctes.

(**) Nous ne parlerons pas des yeux astigmates dans lesquels une ou plusieurs surfaces réfringentes ne sont pas sphériques.

les centres sont en ligne droite (*). Mais les dimensions sont telles que les plans principaux sont très rapprochés; nous savons alors (**68**) que le système peut être remplacé par un dioptre unique. En prenant les dimensions moyennes de l'œil, on trouve que ce dioptre, caractérisé par son *pole p* et par son centre *c*, a un rayon de courbure de 5^{mm},125, séparant l'air d'un milieu dont l'indice de réfraction est $\frac{103}{77} = 1,337$. C'est là ce qui constitue *l'œil réduit* de Listing; le centre *c* de la surface est appelé le centre optique de l'œil.

Les plans focaux de ce dioptre sont aisés à déterminer : le second plan focal nous intéresse seul; il est en arrière de la surface à une distance de 20^{mm},3 de cette surface.

En général, la rétine est peu écartée de la position occupée par le second plan focal.

Quand il y a coïncidence entre la rétine et le second plan focal, l'œil est dit *emmétrope*.

Il est *myope*, quand la rétine est en arrière du second plan focal, c'est-à-dire plus loin de la surface de la cornée.

Il est *hypermétrope*, quand la rétine est en avant du second plan focal.

L'œil n'est pas invariable dans sa forme et ses dimensions ; par des actions dont nous n'avons pas à nous occuper ici, il peut devenir plus convergent. On dit qu'il *s'accommode*, qu'il y a *accommodation*. La surface du dioptre, qui représente l'œil réduit, doit se modifier pour représenter l'œil accommodé. Cette modification correspond à une courbure plus grande de la surface (diminution du rayon de courbure), accompagnée d'un très faible déplacement. La valeur de l'accommodation doit être

---

(*) Les milieux successifs traversés par la lumière sont : la *Cornée transparente*, Cl (fig. 113), *l'humeur aqueuse*, Ha, le *cristallin*, Cr, et *l'humeur vitrée*, Hv. La cornée transparente, l'humeur aqueuse et l'humeur vitrée ont sensiblement le même indice de réfraction 1,337; celui du cristallin est en moyenne 1,388. La cornée transparente et l'humeur aqueuse ne diffèrent pas, au point de vue de l'effet optique, de telle sorte que la lumière, pour arriver à la rétine qui limite postérieurement l'humeur vitrée, traverse *trois dioptres convergents.*

évaluée en dioptries; elle correspond à une augmentation du pouvoir dioptrique de l'œil (*).

La valeur de l'accommodation maxima diffère d'un individu à l'autre ; elle change chez le même individu, diminuant quand l'âge croît, au moins d'une manière générale. On dit que l'œil est *presbyte* lorsque l'accommodation a notablement diminué, sans que l'on précise par une définition ou par une donnée numérique quand la presbytie commence à se manifester.

146. — Étudions maintenant les conditions dans lesquelles se trouvent les diverses espèces de vues.

Œil emmétrope. — Le plan focal coïncidant avec la rétine, les objets situés à l'infini donnent sur cette membrane des images nettes : ces objets sont donc vus nettement.

Si l'objet se rapproche de l'œil, l'image tendrait à se faire derrière la rétine, puisque l'image et l'objet se déplacent toujours dans le même sens; la rétine serait coupée par des cercles de diffusion, et l'on ne verrait nettement plus l'objet. Mais si l'accommodation intervient, l'œil est rendu plus convergent et, pour une valeur convenable de l'accommodation, l'image sera obtenue de nouveau sur la rétine ; on verra donc nettement des objets d'autant plus rapprochés que l'accommodation sera plus considérable. Les objets les plus rapprochés que l'on peut voir correspondent à la distance pour laquelle l'œil est accommodé au maximum : le point ainsi déterminé est ce qu'on appelle le *punctum proximum.*

En résumé, l'œil emmétrope peut voir nettement tous les objets situés depuis l'infini jusqu'au *punctum proximum.*

Œil myope. — L'image des objets situés à l'infini se fait en

(*) Le pouvoir dioptrique de l'œil réduit pour le sens dans lequel le parcourt normalement la lumière est de $\dfrac{1}{0,0203}$ = 49,25 dioptries. Si la deuxième distance focale est ramenée à 18^{mm},5 par l'effet de l'accommodation, le pouvoir dioptrique de l'œil est devenu $\dfrac{1}{0,0185}$ = 54 dioptries et l'augmentation, 4,75 dioptries, mesure l'effet de l'accommodation.

avant de la rétine : ces objets ne sont pas vus distinctement : l'œil est trop puissant pour sa longueur.

L'accommodation ne ferait qu'exagérer le défaut : l'œil ne peut donc, en aucune façon, voir à l'infini.

Si l'objet se rapproche convenablement de l'œil, l'image, se déplaçant dans le même sens, arrive sur la rétine et la vision devient nette. Le point où se trouve alors l'objet est ce qu'on appelle le *punctum remotum*. On voit que le *punctum remotum* et la rétine sont des points conjugués pour l'œil non accommodé.

En continuant à rapprocher l'objet, il faut faire intervenir l'accommodation et les mêmes considérations que précédemment sont à signaler.

En résumé, l'œil myope peut voir nettement les objets compris depuis le *punctum remotum* jusqu'au *punctum proximum*.

Un œil emmétrope peut être regardé comme un œil myope dont le *punctum remotum* serait à l'infini.

Le degré de la myopie est mesuré par la différence, évaluée en dioptries, entre son pouvoir dioptrique réel et le pouvoir dioptrique qu'il devrait posséder pour que le foyer coïncidât avec la rétine, c'est-à-dire pour qu'il devînt emmétrope.

Œil hypermétrope. — L'image des objets situés à l'infini se fait en arrière de la rétine ; ces objets ne sont pas vus distinctement, l'œil n'est pas assez puissant pour sa longueur.

Mais si l'œil accommode, l'image se rapprochera de la rétine et pourra s'y faire pour une accommodation convenable ; on verra alors les objets situés à l'infini. Si on les rapproche, on continuera à les voir, à la condition d'accommoder de plus en plus, comme précédemment.

L'œil hypermétrope peut donc voir nettement depuis l'infini jusqu'au *punctum proximum*, comme fait l'œil emmétrope, dont il se distingue cependant par le caractère suivant :

Si on fait arriver sur l'œil hypermétrope non accommodé un faisceau convergent, convenablement choisi (point lumineux virtuel), le sommet du faisceau réfracté sera sur la rétine et la vision sera nette. Le point virtuel qui donne la vision nette sans accommodation a reçu le nom de *punctum remotum*, par analogie; c'est le point conjugué de la rétine pour l'œil non accommodé.

La vision restera nette en faisant diminuer la convergence des faisceaux incidents jusqu'au parallélisme, à la condition d'augmenter progressivement l'accommodation.

On peut regarder l'œil emmétrope comme la limite d'un œil hypermétrope, dont le *punctum remotum* virtuel s'éloignerait jusqu'à l'infini.

Le degré de l'hypermétropie s'évalue d'une manière analogue à ce que nous avons indiqué pour la myopie.

147. *Grandeur des images rétiniennes:* — Étant donné un objet placé à une distance comprise entre le *punctum remotum* et le *punctum proximum*, il est facile de déterminer la grandeur de son image rétinienne, lorsque l'œil est accommodé pour cette distance.

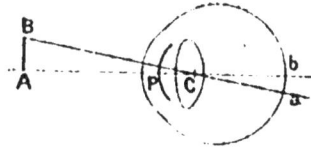
Fig. 114.

Si on appelle O la grandeur de l'objet AB (fig. 114), D la distance à laquelle il est placé du centre C de l'œil, i la grandeur de l'image rétinienne ab, et r la distance du centre C de l'œil à la rétine, on a immédiatement :

$$\frac{i}{O} = \frac{r}{D}.$$

d'où l'on déduit :

$$i = r \cdot \frac{O}{D}.$$

Pour un œil déterminé r est constant ; on voit donc que la grandeur de l'image rétinienne d'un objet déterminé varie en raison inverse de la distance.

Le rapport $\frac{O}{D}$ est ce que l'on appelle le diamètre apparent de l'objet, δ (*) ; on voit alors que la grandeur de l'image rétinienne est proportionnelle à ce diamètre apparent.

_____

(*) C'est en réalité la tangente trigonométrique de l'angle sous lequel cet objet est vu.

Si l'on a deux objets, vus sous des diamètres apparents θ et θ , on aura, i et i' étant les images rétiniennes correspondantes :

$$\frac{i}{i'} = \frac{\theta}{\theta'}.$$

que l'on peut écrire :

$$\frac{i}{i'} = \frac{\theta}{\theta'} \cdot \frac{\mathrm{D}'}{\mathrm{D}}.$$

Il résulte de ce qui précède que la plus grande image rétinienne nette que l'on puisse obtenir correspond à la plus petite valeur de la distance à laquelle on peut placer l'objet pour que l'image reste nette, c'est-à-dire à la distance du *punctum proximum;* si ϖ est cette distance ; I, la grandeur de l'image rétinienne dans ce cas, on aura donc :

$$\mathrm{I} = r \frac{\theta}{\varpi}.$$

On voit que lorsque le *punctum proximum* s'éloigne, l'œil devenant presbyte, la plus grande image rétinienne à laquelle un objet puisse donner lieu diminue de grandeur. On doit distinguer d'autant moins de détails que ϖ devient plus grand, que l'œil devient plus presbyte. C'est là l'inconvénient le plus réel de la presbytie.

148. *Pouvoir séparateur. Grossissement.* — Sauf quelques cas particuliers (chambre claire, par exemple), on peut dire que les instruments d'optique ont pour but principal de donner d'un objet déterminé une image rétinienne plus grande que celle que cet objet donnerait directement.

On aura une idée de l'utilité que l'on peut retirer de l'emploi d'un instrument, si l'on connaît, pour une distance donnée, la grandeur de l'image rétinienne fournie par un objet de grandeur déterminée, par exemple d'une longueur égale à l'unité. D'après ce que nous avons dit (**147**), on peut remplacer la grandeur de l'image rétinienne par celle du diamètre apparent qui lui correspond.

Comme nous le verrons, l'effet d'un instrument d'optique est de faire parvenir à l'œil des faisceaux lumineux qui semblent venir de l'image que fournit l'instrument ; si nous appelons 0_i le diamètre apparent de cette image fournie par un objet de grandeur 0, le diamètre apparent de l'unité de longueur sera égale à $\frac{0_i}{0}$; nous le désignerons sous le nom de *pouvoir sépara-teur*. Le nombre de détails que l'on peut distinguer dans un objet croît évidemment en même temps que le pouvoir séparateur.

On a une idée de l'utilité relative qu'il y a à se servir d'un instrument, par le rapport qui existe entre l'image rétinienne d'un objet vu 'à l'aide de l'instrument et l'image rétinienne du même objet vu directement. Ce rapport est ce que l'on appelle le *grossissement*.

D'après ce que nous avons indiqué de l'égalité entre le rapport des images rétiniennes et celui des diamètres apparents, cette définition peut être remplacée par la suivante :

Le grossissement est le rapport entre le diamètre apparent de l'image que fournit l'instrument et le diamètre apparent de l'objet regardé directement.

Cette définition, qui n'est pas aussi nette que la précédente au point de vue de l'idée qu'il faut attacher au mot *grossis-sement*, est plus commode au point de vue des applications ; à ce point de vue, elle doit lui être préférée, puisqu'elle lui est équivalente.

Le pouvoir séparateur et le grossissement ne dépendent pas seulement de l'appareil que l'on emploie ; ils sont liés aussi à la position de l'œil par rapport à l'appareil et de l'état de cet œil, c'est-à-dire de la distance pour laquelle il est disposé à voir nettement. On ne peut donc parler d'une manière absolue, ni du pouvoir séparateur, ni du grossissement d'un appareil ; il faut préciser les conditions dans lesquelles on emploie celui-ci.

Conventionnellement, on étudie le plus souvent ces éléments en supposant que l'œil est disposé de manière à voir nettement à l'infini, condition qui se présente, par exemple, pour un *œil emmétrope non accommodé* (*).

Mais il est évident que les valeurs que l'on obtient ainsi ne peuvent fournir que des indications générales sur l'instrument et ne peuvent être utilisées sans modifications dans tous les cas où cet instrument est employé.

149. — Nous avons dit que pour voir un objet avec le plus de détails possible, c'est-à-dire pour en avoir une image rétinienne la plus grande possible, il faut le placer au *punctum proximum*. On pourrait penser que cette condition subsiste lorsque, regardant un objet à travers un instrument, on voit l'image que l'instrument fournit de l'objet, de telle sorte qu'il conviendrait de placer cette image au *punctum proximum*.

Il n'en est pourtant pas ainsi, comme il est facile de le comprendre. Le diamètre apparent d'un objet ne dépend que de sa distance à l'œil et est maximum quand cette distance est la plus petite qui permette la vision nette; mais la valeur du diamètre apparent de l'image ne varie pas suivant une loi aussi simple, parce que la grandeur de l'image n'est pas invariable et dépend de la distance; il faut donc une discussion pour chercher comment varie le diamètre apparent de l'image, diamètre apparent qui est le rapport de deux quantités variant l'une et l'autre.

C'est une première question qu'il convient de résoudre et dont la solution permettra de traiter simplement la question des meilleures conditions d'emploi des appareils.

150. — Il existe des conditions applicables aux divers instruments d'optique et qui correspondent à la plus grande image

(*) On indiquait autrefois cette condition en disant que l'on supposait un *œil infiniment presbyte*; cette expression ne doit pas être conservée maintenant que l'on possède des notions précises sur la vision, parce qu'elle correspond au cas d'un *punctum proximum* placé à l'infini, cas qui ne se rencontre pas dans la pratique.
L'expression d'*œil emmétrope non accommodé*, qui correspond exactement à la même condition physique, répond, au contraire, à une condition physiologique qui se rencontre fréquemment; elle doit donc lui être préférée.

rétinienne que puisse fournir un objet déterminé. Nous allons rechercher ces conditions.

Il suffit, dans ce qui suit, de supposer que l'objet regardé AB a une longueur égale à l'unité pour que les résultats puissent s'appliquer au pouvoir séparateur.

Considérons un appareil constitué par un système centré quelconque et soit F″ le second foyer principal et P″ le second plan principal; soit un objet AB disposé de manière à donner une image. Si nous menons par le sommet B de l'objet le rayon BH″ parallèle à l'axe, nous savons qu'il donnera après réfraction le rayon H″F″S′, que nous avons appelé la *caractéristique* de l'objet et qui est le lieu de l'image B′ (**31, 62**). Cette image sera donc déterminée quand on connaîtra sa position, puisqu'elle est comprise toujours entre l'axe XX′ et la caractéri···ique H″S′. Nous savons

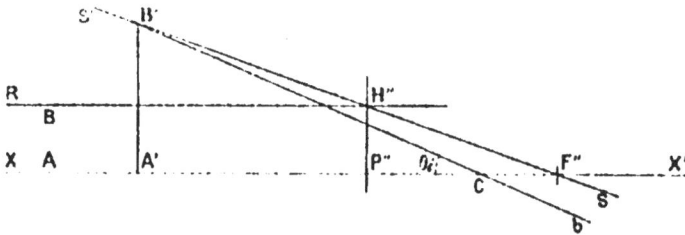

Fig. 115.

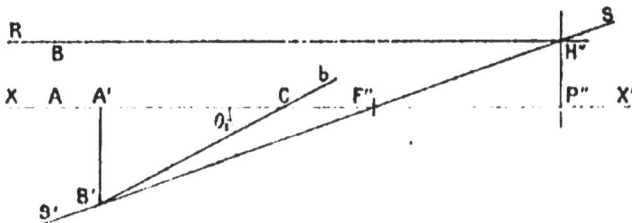

Fig. 116.

également, d'après la discussion générale que, à la condition de placer convenablement l'objet, nous pourrons donner à l'image telle position qui nous convient. Soit A′B′ cette position et soit C la position du centre optique de l'œil; on aurait l'image rétinienne de B′ en joignant B′C et prolongeant jusqu'à la rétine, si l'objet est placé entre les limites de la vision distincte; l'angle B′CA′ mesu-

rera donc le diamètre apparent de l'objet duquel dépend la grandeur de l'image rétinienne, et c'est ce diamètre apparent qu'il
faut rendre le plus grand possible.

Trois cas sont à distinguer, donnant lieu à des solutions différentes, suivant les positions relatives du foyer et de l'œil :

1° Le centre optique C est en avant du foyer F″ (fig. 115 et 116).
On voit immédiatement que, lorsque l'image s'éloigne de l'œil, elle
grandit et que l'angle B′CA′ diminue, tandis que, au contraire,
lorsque l'image B′A′ se rapproche de l'œil, l'angle B′CA′ grandit;
il y a donc intérêt à mettre l'image le plus près possible de l'œil,
c'est-à-dire de la placer au *punctum proximum*; l'œil agit alors
avec l'accommodation maxima.

La comparaison des deux figures montre que le résultat est
le même qu'il s'agisse d'un système direct (fig. 115) ou d'un
système inverse (fig. 116).

Comme l'objet et l'image se déplacent dans le même sens, la
condition la plus favorable correspondra donc au cas où l'objet
sera placé à la position la plus rapprochée possible qui corresponde
à la vision nette, où alors l'image sera au *punctum proximum*.

Si, par suite de dispositions matérielles, on ne peut amener
l'objet jusqu'à cette position, il y a toujours avantage à le placer
le plus près possible de l'œil, car l'image est alors rapprochée
de l'œil à la distance minima qu'elle peut atteindre.

2° Le centre optique de l'œil C est en arrière du foyer F″
(fig. 117). Comme la figure le montre immédiatement, les consé-

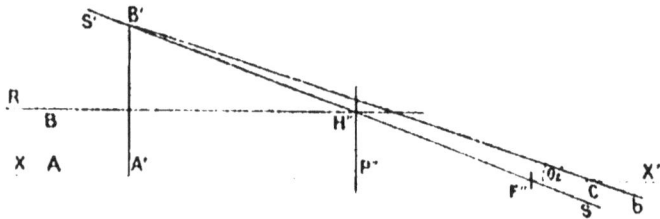

Fig. 117.

quences sont inverses des précédentes et il y a intérêt à faire
l'image le plus loin possible. Si l'œil est myope, l'image devra

donc se faire au *punctum remotum*; elle devra se faire à l'infini pour un œil emmétrope, et, pour un œil hypermétrope, il y aura intérêt à ce que l'image se fasse derrière l'œil et le plus près possible de l'œil, c'est-à-dire au *punctum remotum*, les faisceaux arrivant alors en convergeant.

Dans tous ces cas, la condition la plus avantageuse est donc celle où l'œil n'est pas accommodé.

L'image et l'objet se déplaçant toujours dans le même sens, la condition la plus avantageuse sera donc celle pour laquelle l'objet sera à la plus grande distance de l'œil pour laquelle la vision reste nette.

3° Le centre optique C de l'œil coïncide avec le foyer F″ (fig. 118); dans ce cas, le diamètre apparent de l'image A′B′

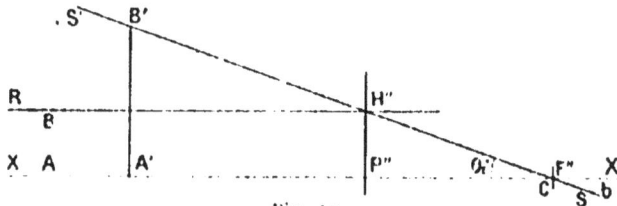

Fig. 118.

est indépendant de la position de celle-ci et égal à l'angle que fait la caractéristique avec l'axe.

Il est donc indifférent, au point de vue de la grandeur de l'image rétinienne, de placer l'image à une position quelconque, pourvu qu'elle soit comprise entre les limites de la vision distincte.

Au point de vue pratique, il est préférable de placer l'image au *punctum remotum*, parce qu'alors l'œil étant non accommodé on évite la fatigue due à l'accommodation.

Ces conséquences sont applicables quelles que soient les positions relatives de F″ et de P″, c'est-à-dire qu'elles sont applicables aux systèmes centrés inverses comme aux systèmes directs.

L'examen des diverses figures montre que, dans le premier cas, l'angle sous lequel on voit l'image est plus grand que l'angle de la caractéristique et de l'axe; il est plus petit dans le second cas, et il lui est égal dans le troisième.

Cette remarque permet de conclure que, si l'on peut disposer de la position de l'œil, si celle-ci n'est pas déterminée par les conditions de l'appareil, il y a toujours intérêt à se placer dans le premier cas.

De plus, dans ce cas, la distance la plus favorable de A' étant déterminée, puisque c'est celle du *punctum proximum*, il y a intérêt à éloigner le point C du foyer F" le plus possible; car, la longueur CA' étant invariable, l'angle θ_i varie avec la grandeur de A'B', qu'il est avantageux d'éloigner le plus possible du sommet F" de l'angle YF"X.

La question donnerait lieu à une discussion dans le cas où l'œil, étant hypermétrope (fig. 119), pourrait voir distinctement dans le cas d'images placées sur la partie F"S.

On voit immédiatement que si l'œil est placé en C avant le

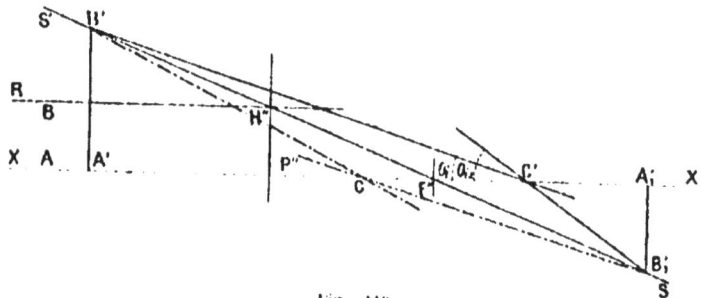

Fig. 119.

foyer, il y a avantage à ce que l'image se fasse, non en $A_1'B_1'$, mais en A'B' et le plus près possible de C, l'œil étant dès lors au maximum d'accommodation.

Inversement, si l'œil est en C' après le foyer, il y a avantage à ce que l'image se fasse, non en A'B', mais en $A_1'B_1'$ et le plus près possible de C', l'œil étant dès lors sans accommodation.

Ces résultats sont identiques à ceux trouvés ci-dessus.

Mais on ne peut décider, dans ce cas, d'une manière générale, s'il est préférable de placer l'œil avant ou après le foyer; cela dépend de la position des points limites de la vision distincte.

151. — On peut, autrement, en s'appuyant sur les formules générales des systèmes centrés, déterminer quelle position il convient de donner à l'image pour que son diamètre apparent et, par suite, son image rétinienne et le pouvoir séparateur aient la plus grande valeur possible.

Soit toujours φ la distance focale du système (abscisse du deuxième foyer F" par rapport au plan principal P"); soient encore λ' l'abscisse de l'image par rapport à F", δ l'abscisse du centre de l'œil par rapport au même point et d l'abscisse de l'image par rapport à l'œil.

Appelons O l'objet, I son image, θ_i le diamètre apparent de celle-ci et s le pouvoir séparateur : nous désignerons par Θ_i et S les valeurs maxima de ces deux derniers éléments.

On a, par définition :

$$\theta_i = \frac{I}{d}.$$

Mais on a :

$$\frac{I}{O} = -\frac{\lambda'}{\varphi} \quad \text{et} \quad \lambda' = d + \delta ;$$

il vient donc :

$$\theta_i = -\frac{O}{\varphi} \cdot \frac{d + \delta}{d} = -\frac{O}{\varphi}\left(1 + \frac{\delta}{d}\right) \text{ et } s = -\frac{I}{\varphi}\left(1 + \frac{\delta}{d}\right). \quad (14)$$

Les quantités O et φ sont données, la valeur de θ_i et celle de s dépendent donc de celle de la parenthèse.

1° Si δ est positif, il y a intérêt à ce que d le soit aussi (dans le cas de l'œil hypermétrope, il pourrait être négatif) et qu'il soit le plus petit possible, c'est-à-dire qu'il faut lui donner la valeur ϖ correspondant au *punctum proximum*, ce qui exigera que l'œil soit au maximum d'accommodation. Il vient dans ce cas pour les valeurs maxima de θ_i et de s :

$$\Theta_i = -\frac{O}{\varphi} \cdot \frac{\varpi + \delta}{\varpi},$$

$$S = -\frac{I}{\varphi} \cdot \frac{\varpi + \delta}{\varpi}.$$

2° δ est négatif, c'est-à-dire que le centre optique de l'œil est après le foyer. Si d est positif, comme, dans la pratique, en valeur arithmétique δ est $< d$, la valeur arithmétique de $\frac{\delta}{d}$ est à retrancher de 1, il faut donc que d ait la plus grande valeur possible, c'est-à-dire que l'image se fasse à la distance ρ du *punctum remotum*.

Si d peut devenir négatif, comme il arrive pour les yeux hypermétropes, la quantité $\frac{\delta}{d}$ s'ajoute à l'unité et il y a intérêt à ce que la valeur arithmétique de d soit la plus petite possible, c'est-à-dire que, dans ce cas encore, l'image doit se faire au *punctum remotum*. La condition la plus favorable est donc toujours que l'œil ne soit pas accommodé.

On aura dans ce cas, en désignant par ρ la valeur de d qui correspond à ce point :

$$\Theta_i = -\frac{0}{\rho} \cdot \frac{\rho + \delta}{\rho} \quad \text{et} \quad S = -\frac{1}{\rho} \cdot \frac{\rho + \delta}{\rho}.$$

3° Enfin, si δ est nul, on a simplement :

$$\theta_i = -\frac{0}{\rho} \quad \text{et} \quad s = -\frac{1}{\rho},$$

valeurs indépendantes de la distance de l'image. On voit que, dans ce cas, le *pouvoir séparateur* est égal à la *puissance* du système considéré.

Nous arrivons donc, par ces considérations, aux mêmes résultats auxquels nous avions été conduits par une autre méthode (**150**).

Si nous avions considéré un système inverse au lieu d'un système direct, les conséquences eussent été les mêmes ; la quantité ρ eût seule changé de signe, ce qui amenant le changement de signe de θ_i montre que l'image, au lieu d'être droite, eût été renversée.

L'examen de ces formules montre que, tant que d est positif, il y a intérêt à ce que δ le soit aussi et qu'il soit le plus grand possible, c'est-à-dire qu'il est avantageux de placer l'œil en avant du foyer et le plus loin possible.

Nous étions déjà parvenu à ce résultat par d'autres considérations.

On ne peut rien affirmer immédiatement pour le cas où d peut devenir négatif (*). Mais ce cas se présente rarement et il n'y a pas lieu d'insister.

152. *Du champ dans les appareils composés.* — Tous les appareils composés diffèrent de la lentille simple en ce que le *champ* est limité. Examinons ce que l'on entend par ce mot.

Dans tous les cas, lentille simple ou système centré, on peut trouver l'image géométrique d'un objet, quelque éloignés de l'axe que soient ses points : mais cela ne suffit pas pour qu'un observateur dont l'œil est placé derrière l'appareil puisse voir tous les points ainsi déterminés.

Dans le cas d'une lentille simple (fig. 120), donnant une image virtuelle, l'observateur recevra dans son œil, par la pupille, des faisceaux émanés de tous les points, à la condition de ne pas s'éloigner de la lentille. Il est vrai que, dès que le point s'écarte de l'axe, les angles d'incidence ne sont plus très petits et les faisceaux émergents ne sont plus homocentriques : l'aberration de sphéricité se manifeste. Les

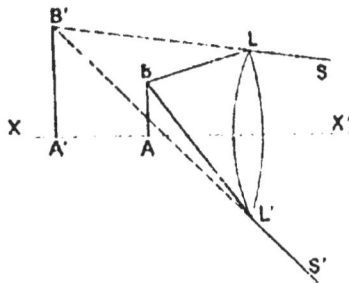

Fig. 120.

grands objets sont donc déformés sur leurs bords, mais enfin ils sont vus dans toute leur étendue.

En général, il n'en est pas nécessairement ainsi dans le cas des appareils composés, formés par la réunion de deux ou plusieurs lentilles. Pour qu'un point puisse être vu, il faut que le faisceau qui en émane et qui a pour base la première lentille rencontre, en totalité ou en partie au moins, chacune des lentilles suivantes ; il faut, de plus, que, à l'émergence, ce faisceau, s'il ne couvre pas entièrement la dernière lentille, s'il est limité, reste à une distance de l'axe assez petite pour pouvoir pénétrer à travers la pupille de l'œil placé derrière cette lentille. Cette condition n'est pas toujours remplie dès qu'on considère, dans ce cas, des points à une certaine distance de l'axe.

153. — Soient deux lentilles L_1 et L_2 (fig. 121).

Nous supposerons que l'œil de l'observateur est placé derrière L_2 dont le diamètre est à peu près égal à celui de la pupille,

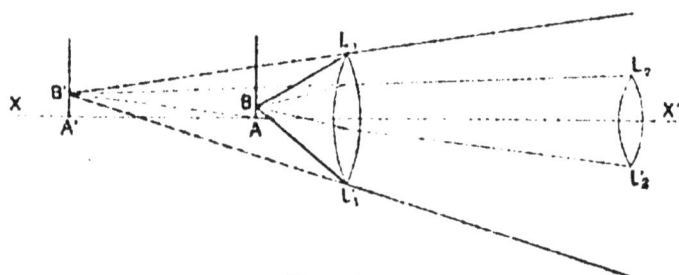

Fig. 121.

de telle sorte que tout rayon traversant L_2 pénètre dans l'œil de l'observateur.

Considérons un objet placé dans le plan A et soit A' le plan conjugué par rapport à la première lentille. Examinons d'abord le cas où cette image est virtuelle.

Soit un point B (fig. 121) de l'objet, voisin de l'axe et soit B' son image; le faisceau incident a B pour sommet et $L_1 L_1'$ pour base. Le faisceau réfracté a la même base, mais a B' pour sommet; la deuxième lentille est tout entière à l'intérieur de ce faisceau. La partie qui tombe sur elle, entre L_2 et L_2', sera utilisée

par la vision, celle qui est en dehors sera perdue. Le point B est
vu par l'observateur, il est dans le *champ*.

Tant que les points considérés seront voisins de l'axe, les phé-
nomèmes seront les mêmes, le faisceau réfracté couvrira la lentille L_2, les images seront vues dans les mêmes conditions.

Joignons L_1L_2 (fig. 122) et cherchons l'intersection C' de cette
droite avec le plan A'D', le faisceau réfracté $L_1SL_1'S'$, qui aura

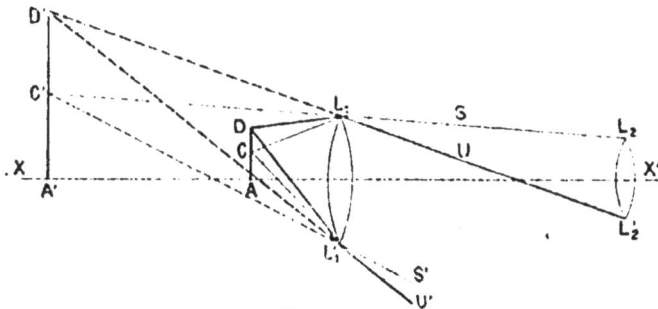

Fig. 22.

C' pour sommet, couvrira encore entièrement L_2, le point C
correspondant de l'objet sera donc vu dans les mêmes conditions que B.

Mais on voit immédiatement que ce point est le plus éloigné
de ceux pour lesquels il en est ainsi, et que les points plus éloignés de l'axe donneraient des faisceaux réfractés qui ne cou-
vriraient pas entièrement la lentille L_2 : les points correspondants seraient encore vus, mais ils seraient moins éclairés que
les précédents, et d'autant moins qu'ils seraient plus loin de
l'axe, car la partie de la lentille recevant le faisceau diminue
de plus en plus.

Joignons L_1 à L_2' et soit D' le point correspondant du plan
A'D'; le faisceau correspondant $L_1UL_1'U'$ ne rencontre plus la
lentille L_2; le point correspondant D de l'objet ne peut être
vu, et il en est de même des points plus éloignés de l'axe;
ce point D limite le *champ*, c'est-à-dire l'ensemble des points
visibles à travers le système considéré.

On conçoit que toutes les parties utiles des faisceaux sont
comprises entre les droites L_1L_1 et $L_1'L_2'$. Si donc on inter-

cale un diaphragme circulaire dont l'ouverture coïncide avec
une section de ce cône, on ne troublera en rien la marche
des rayons utilisés réellement, ce diaphragme arrêtera seulement des portions de faisceaux qui pourraient, en se réfléchis-
sant ou se diffusant sur la paroi interne de la monture des
lentilles, amener un trouble dans la netteté de l'image vue.

154. — Le cas où l'image A'D' est réelle présente des considérations entièrement analogues. Il peut arriver que, la lentille L_2, étant dans la partie convergente des faisceaux réfractés, ne soit pas couverte tout entière par ceux-ci (fig. 123);

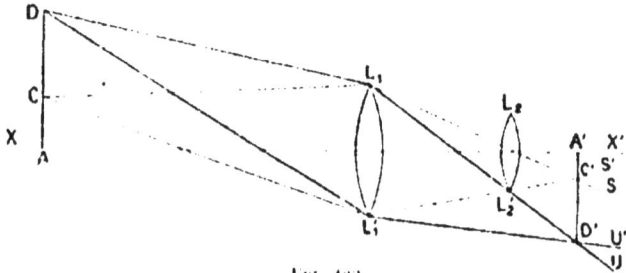

Fig. 123.

mais, pour tous les points voisins de l'axe, le faisceau tout entier est utilisé, parvient à l'œil de l'observateur ; les points
correspondants sont vus avec le même éclairement.

On détermine aisément, comme dans le cas précédent, le
point C', à partir duquel le faisceau réfracté n'est pas utilisé
entièrement à travers la lentille L_2 : ce point se trouve sur la
droite $L_1'L_2'$. De même, la droite L_1L_2' détermine le point D' à
partir duquel le faisceau réfracté ne rencontre plus la lentille L_2 :
le point correspondant D de l'objet limite le champ du système.

Enfin, si la seconde lentille est placée dans la partie divergente des faisceaux (fig. 124), c'est-à-dire après la production de
l'image réelle, on obtient le point C', limite des points pour lesquels le faisceau rencontre en entier la lentille, en joignant L_1
à L_2', et le point D', limite du champ, en joignant L_1' à L_2'.

Dans ce cas, on voit que si l'on place en A'D' un diaphragme
percé d'une ouverture circulaire ayant A'C' pour diamètre, on li-

mite le champ plus qu'il ne l'est naturellement ; mais on supprime
ainsi la possibilité de voir des points périphériques moins éclairés

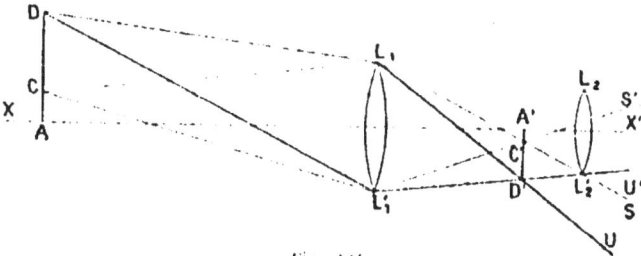

Fig. 125.

que la partie centrale, de telle sorte que l'image ne comprend
plus que des points tous également éclairés, ce qui est un avantage.

Cette disposition avantageuse ne peut pas être appliquée dans
les cas précédents.

Les conséquences que nous venons d'indiquer sont entièrement indépendantes de la nature de la deuxième lentille.

On pourrait faire une discussion analogue dans le cas où la
première lentille serait divergente, mais elle serait sans intérêt ;
les résultats seraient analogues à ceux qu'a fournis le premier cas.

155. — On peut aisément calculer dans chaque cas le *champ*,
défini comme nous venons de l'indiquer, limité au point C, et
comprenant l'ensemble des points qui sont également éclairés,
on peut calculer également le *champ extrême*, limité au point D,
comprenant l'ensemble des points qu'il est possible de voir,
plus ou moins éclairés, à travers la deuxième lentille.

Ces champs sont mesurés par les angles AP_1C, AP_1D (fig. 125
et 126) ayant leur sommet au centre optique de la lentille, si
l'on suppose celle-ci infiniment mince, et sous-tendus par les
droites qui joignent les points limites que nous venons de signaler.
Nous les désignerons respectivement par ζ et Ξ ; il n'y a pas
lieu de s'occuper de leur signe qui est sans intérêt.

On aura donc :

$$\text{tg } \frac{1}{2}\,\zeta = \frac{AC}{AP_1}, \qquad \text{tg } \frac{1}{2}\,\Xi = \frac{AD}{AP_1}.$$

Mais l'image d'un point étant sur l'axe secondaire qui passe par ce point, on a également :

$$\text{tg } \frac{1}{2} \zeta = \frac{A'C'}{A'P_1}, \qquad \text{tg } \frac{1}{2} \Xi = \frac{A'D'}{A'P_1}.$$

Si l'on voulait tenir compte de l'épaisseur de la lentille, les sommets des angles égaux que sous-tendent l'objet AC et l'image A'C$_1$' par exemple, devraient être pris, le premier au premier point nodal de la lentille, le deuxième au deuxième point nodal.

Il est aisé de calculer la valeur de $\text{tg } \frac{1}{2} \zeta$ et de $\text{tg } \frac{1}{2} \Xi$ si l'on sait quelle position occupe l'image fournie par la première lentille et quelle distance sépare les lentilles. Nous désignerons par α_1' la distance de l'image A' à la lentille L$_1$ et par e la distance des deux lentilles.

Menons par le point L$_1$ (fig. 125 à 130) ou par le point L$_1$', suivant les cas, une parallèle à l'axe qui rencontre en K le plan de l'image et en H la lentille L$_2$ supposée infiniment mince. Appelons Δ_1 et Δ_2 les rayons des lentilles, Y et y les rayons des circonférences qui limitent le champ extrême Ξ et le champ ζ du système considéré.

Nous allons calculer Y et y; on aura d'ailleurs :

$$\text{tg } \frac{1}{2} \Xi = \frac{Y}{\alpha_1'}, \qquad \text{et} \qquad \text{tg } \frac{1}{2} \zeta = \frac{y}{\alpha_1'}.$$

Les triangles D'KL$_1$ et L$_1$HL$_2$' donnent immédiatement :

$$\frac{D'K}{HL_2'} = \frac{KL_1}{L_1H}, \qquad \frac{C'K'}{H'L_2'} = \frac{K'L_1}{L_1H'}.$$

(Dans quelques triangles la lettre L$_1$' remplace la lettre L$_1$, mais ce changement ne modifie pas le résultat.)

Nous pouvons donc calculer D'K et C'K'. Cherchons à quelle formule nous serons conduit pour chacun des cas que nous avons examinés :

1° On aura d'abord (fig. 125 et 126) :

$$\frac{Y - \Delta_1}{\Delta_1 + \Delta_2} = \frac{\alpha_1'}{-e}, \qquad \text{ou} \qquad Y = \frac{1}{e} [\Delta_1 (e - \alpha_1') - \Delta_2 \alpha_1'].$$

puis de même :

$$\frac{y - \Delta_1}{\Delta_1 - \Delta_2} = -\frac{x_1'}{e}, \quad \text{ou} \quad y = \frac{1}{e}[\Delta_1(e - x_1') + \Delta_2 x_1'].$$

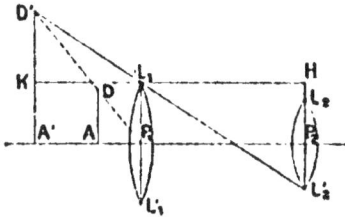

Fig. 125.

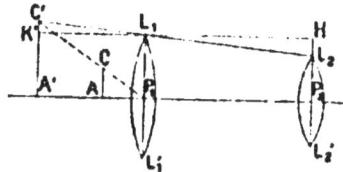

Fig. 126.

On aura donc aussi :

$$\lg \frac{1}{2} \Xi = \frac{\Delta_1(e - x_1') - \Delta_2 x_1'}{e x_1'},$$

et

$$\lg \frac{1}{2} \xi = \frac{\Delta_1(e - \lambda_1') + \Delta_2 x_1'}{e x_1'}.$$

2° La substitution donne, dans ce cas (fig. 127 et 128) :

$$\frac{Y + \Delta_1}{\Delta_1 + \Delta_2} = \frac{x_1'}{e} \quad \text{ou} \quad Y = \frac{1}{e}[\Delta_1(x_1' - e) + \Delta_2 x_1'],$$

et

$$\frac{\Delta_1 - y}{\Delta_1 - \Delta_2} = \frac{x_1'}{e} \quad \text{ou} \quad y = \frac{1}{e}[\Delta_1(e - x_1') + \Delta_2 x_1'],$$

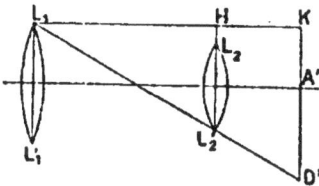

Fig. 127.

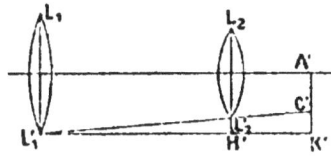

Fig. 128.

, ce qui conduit à :

$$\lg \frac{1}{2} \Xi = \frac{\Delta_1(x_1' - e) + \Delta_2 x_1'}{e x_1'}$$

et

$$\lg \frac{1}{2} \xi = \frac{\Delta_1(e - \alpha_1') + \Delta_2 x_1'}{e \alpha_1'}, \tag{15}$$

3° Enfin, on a de même (fig. 129 et 130) :

$$\frac{\Delta_1 - Y}{\Delta_1 - \Delta_2} = \frac{\alpha_1'}{e} \quad \text{et} \quad \frac{y + \Delta_1}{\Delta_1 + \Delta_2} = \frac{\alpha_1}{e},$$

d'où l'on tire :

$$Y = \frac{1}{e} [\Delta_1 (e - \alpha_1') + \Delta_2 \alpha_1']$$

et

$$y = \frac{1}{e} [\Delta_1 (\alpha_1' - e) + \Delta_2 \alpha_1'],$$

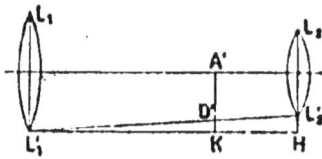

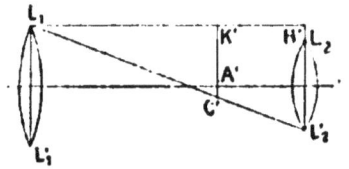

Fig. 129.   Fig. 130.

et enfin :

$$\text{tg} \frac{1}{e} \Xi = \frac{\Delta_1 (e - \alpha_1') + \Delta_2 \alpha_1'}{e \alpha_1'}$$

et

$$\text{tg} \frac{1}{2} \zeta = \frac{\Delta_1 (\alpha_1' - e) + \Delta_2 \alpha_1'}{e \alpha_1'}. \tag{16}$$

Il peut arriver, pour les deux derniers cas, que le système considéré soit afocal, c'est-à-dire que le plan focal f_1'' coïncide avec le plan focal f_2'. Ceci pourra se présenter pour le deuxième cas si la deuxième lentille est divergente (lunette de Galilée) et pour le troisième cas si elle est convergente (lunette astronomique). En appelant φ_1 et φ_2 les distances focales des deux lentilles ($\varphi_1 < 0$, et $\varphi_2 < 0$ ou > 0, suivant que la deuxième lentille est convergente ou divergente), on aura d'une manière générale :

$$e = (\varphi_1 + \varphi_2).$$

Si nous supposons que l'objet considéré soit à l'infini, l'image $A'D'$ se fera dans le plan focal et on aura :

$$\alpha_1' = \varphi_1.$$

Les rayons sortiront alors parallèles et l'appareil serait disposé pour servir à un œil emmétrope non accommodé (infiniment presbyte).

On a alors pour la valeur du champ :

Dans le deuxième cas :

$$\lg \frac{1}{2} \zeta = \frac{\Delta_2 \bar{\gamma}_2 + \Delta_2 \bar{\gamma}_1}{\bar{\gamma}_1 (\bar{\gamma}_1 + \bar{\gamma}_2)} , \qquad (15')$$

et dans le troisième cas :

$$\lg \frac{1}{2} \zeta = \frac{\Delta_2 \bar{\gamma}_1 - \Delta_2 \bar{\gamma}_2}{\bar{\gamma}_1 (\bar{\gamma}_1 + \bar{\gamma}_2)}. \qquad (16')$$

§ II. — Étude des principaux instruments d'optique.

156. *Classification des instruments d'optique.* — Les instruments d'optique peuvent être distingués les uns des autres de diverses façons, suivant le point de vue auquel on se place.

Une première classification, la plus importante à notre avis, repose sur les conditions d'emploi de ces appareils.

Dans certains cas, les objets que l'on veut regarder, examiner à l'aide de l'appareil, sont à notre disposition et nous pouvons, au moins entre certaines limites, faire varier la position qu'ils occupent ; grâce à ces déplacements, il est possible d'amener l'image entre les limites de la vision distincte d'abord, puis ensuite de l'amener à une position telle que les conditions soient les plus favorables, que l'image rétinienne soit la plus grande possible.

Les appareils qui appartiendront à cette catégorie sont appelés des *microscopes.*

Dans d'autres cas, au contraire, les objets sont placés très loin ou situés dans des conditions telles que la distance de l'objet à l'appareil ne puisse varier. Si l'instrument était invariable on ne pourrait pas obtenir le déplacement de l'image, on ne pourrait pas être assuré que, pour un œil donné, elle soit dans les limites de la vision distincte, encore moins qu'elle donnera les conditions les plus favorables que l'on peut espérer.

Dans ce cas, pour obtenir les déplacements nécessaires de l'image, il faut pouvoir faire varier les positions des diverses pièces constituant l'appareil.

Les conditions sont donc différentes notablement du cas précédent.

Les appareils qui appartiennent à cette catégorie sont appelés des *lunettes*.

On peut se placer à un autre point de vue pour établir une classification, en se basant sur le sens des images virtuelles que l'on regarde ; ces images, en effet, peuvent être droites ou renversées, ce qui correspond à des systèmes centrés directs ou inverses.

Dans les microscopes, les appareils qui donnent des images droites sont appelés des *loupes;* ceux qui donnent des images renversées sont dits absolument des *microscopes*.

Dans les lunettes, la lunette astronomique donne des images renversées; les lunettes terrestre et de Galilée donnent des images droites.

Enfin, pour les loupes, il y a lieu de distinguer si les appareils sont simples ou composés, c'est-à-dire sont constitués par une ou plusieurs lentilles.

Cette distinction ne peut exister pour les microscopes proprement dits, qui, fournissant des images virtuelles renversées, appartiennent nécessairement aux systèmes inverses et, par conséquent, sont nécessairement composés.

Les lunettes sont aussi nécessairement composées, puisqu'il faut qu'elles puissent subir des modifications de puissance qui ne peuvent être obtenues que par des déplacements relatifs de pièces les unes par rapport aux autres.

157. *Des microscopes en général. Grossissement.* — Les microscopes, d'une manière générale, sont des instruments destinés à regarder des objets, le plus souvent de dimensions petites ou même très petites, dont on peut faire varier à volonté la position, soit par rapport à l'œil, soit par rapport à l'appareil.

En faisant varier cette position et, par conséquent, la distance de l'objet au premier foyer du système centré, simple ou composé, que représente l'appareil, on fait varier la position de l'image par rapport au deuxième foyer et, par conséquent, par rapport à l'œil qui occupe une situation déterminée et généralement invariable par rapport à ce foyer.

Suivant la position de l'œil par rapport à ce foyer, il faudra amener l'image, soit au *punctum proximum*, soit au *punctum remotum* (**150**), ou tout au moins aussi près de ces points que le permet la disposition de l'appareil.

Si nous appelons d la distance à laquelle l'image est de l'œil **151**), nous savons que la valeur du diamètre apparent de l'image est donnée par la formule :

$$\theta_i = - \frac{O}{\gamma}\left(1 + \frac{\delta}{d}\right).$$

On a, pour le pouvoir séparateur :

$$S = \frac{\theta_i}{O} = - \frac{1}{\gamma}\left(1 + \frac{\delta}{d}\right).$$

On donnera à d la valeur qui convient pour le cas dans lequel on se trouve.

Mais, d'autre part, si on regardait l'objet directement, sans microscope, pour le voir avec le plus de détails possibles, on le placerait au *punctum proximum* (**147**), dont l'abscisse par rapport à l'œil est ϖ. Le diamètre apparent θ_0 de l'objet vu directement a donc pour valeur :

$$\theta_0 = \frac{O}{\varpi}.$$

Si nous désignons par g le grossissement correspondant à la distance d, on aura donc :

$$g = \frac{\theta_i}{\theta_0} = - \frac{\varpi}{\varphi} \cdot \frac{d + \delta}{d} = - \frac{\varpi}{\varphi}\left(1 + \frac{\delta}{d}\right).$$

On aura la valeur maxima G du grossissement en remplaçant dans cette formule d par ϖ ou par ρ, suivant les cas.

158. *Loupe simple.* — La loupe simple est constituée par

une lentille convergente LL′ (fig. 131) devant laquelle on place
l'objet AB et derrière laquelle est l'œil de l'observateur.

Comme nous l'avons dit (150), il y a toujours intérêt (sauf exceptionnellement pour certains yeux hypermétropes) à placer l'œil
le plus près possible de la lentille. Le centre optique de l'œil
est alors à 15^{mm} environ en arrière de la face postérieure de
la lentille, ce qui le place en général avant le foyer. Nous
savons que, dans ce cas, pour obtenir la plus grande image
rétinienne, l'œil doit être au maximum d'accommodation et
regarder à cette distance l'image virtuelle de l'objet que donne
la lentille. L'objet doit être placé, dès lors, entre la loupe et son
premier foyer.

Il n'y a rien de particulier à dire sur la construction de
l'image virtuelle A′B′ de l'objet AB (fig. 131), ni sur la marche

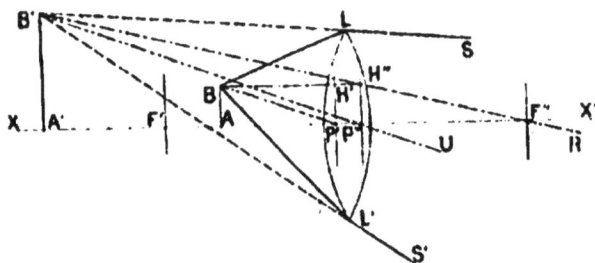

Fig. 131.

effective des faisceaux qui, divergents suivant LBL′ en arrivant
sur la lentille, sont rendus moins divergents en SBS′ en sortant de la lentille pour arriver sur l'œil.

On a quelquefois expliqué ainsi qu'il suit l'effet de la loupe :
on a la plus grande image rétinienne nette de l'objet en plaçant celui-ci au *punctum proximum*, ce qui correspond au maximum d'accommodation. On aurait une image rétinienne plus
grande si on pouvait encore rapprocher l'objet en maintenant
l'image sur la rétine; mais cela exigerait une augmentation de
convergence que l'œil ne peut fournir, puisque la limite d'accommodation est atteinte. On peut obtenir cette augmentation de
convergence en plaçant devant l'œil une lentille convergente, qui

produit le même effet que si l'œil subissait une accommodation supplémentaire.

Mais, en réalité, la question n'est pas tout à fait aussi simple, parce que l'œil, en accommodant, ne cesse pas de se comporter sensiblement comme un dioptre unique, ayant un seul plan focal, tandis que l'ensemble de l'œil et de la loupe constitue un système centré direct, comme l'œil lui-même, mais ayant deux plans principaux séparés. Les conditions ne sont donc pas les mêmes et l'explication précédente ne serait admissible que si la loupe était une lentille infiniment mince, appliquée exactement sur l'œil, ce qui ne saurait être pratiquement.

Soit un œil (fig. 132) défini par ses plans focaux f_2', f_2'', la

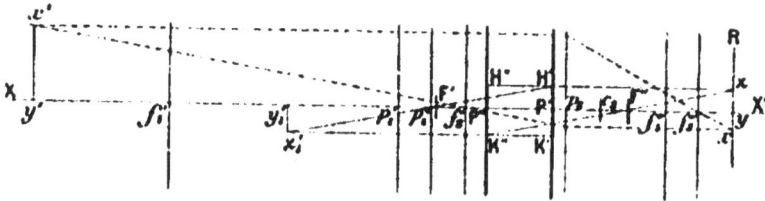

Fig. 132.

surface p_2 du dioptre unique qui le remplace optiquement et son centre optique c_2 : l'œil est supposé au maximum d'accommodation, la rétine est en R, derrière le plan focal f_2'' ; la construction ordinaire, indiquée en lignes pointillées, indique en $x'y'$ le *punctum proximum* de l'œil, point conjugué de la rétine xy.

Soit, d'autre part, une lentille placée devant l'œil et définie par ses plans focaux $f_1'f_1''$ et ses plans principaux $p_1'p_1''$. Cette lentille forme avec l'œil un système centré composé, dont on peut déterminer les éléments cardinaux, soit par la construction géométrique, soit à l'aide des formules ; les plans principaux ont été obtenus ainsi en P'P'' et les plans focaux en F'F''. Si l'on cherche alors le point conjugué de la rétine yz dans ce système complexe (construction indiquée en traits pleins), on voit qu'il est en $y_1'z_1'$, plus rapproché que dans le cas où l'œil était seul sans lentille ; il est donc bien vrai que, pour l'œil armé de la loupe, le *punctum proximum* est plus rapproché que pour l'œil seul; mais on ne peut dire simplement que l'action de la loupe correspond à une augmentation d'accommodation.

159. *Pouvoir séparateur dans la loupe.* — Étudions le pouvoir séparateur dans le cas de la loupe; nous savons que le maximum de sa valeur, correspondant au cas où l'image est au *punctum proximum*, est donnée par la formule (*14*) :

$$S = \frac{1}{\varphi} \frac{\varpi + \delta}{\varpi} = \Pi \frac{\varpi + \delta}{\varpi},$$

les lettres ϖ et δ ayant la signification indiquée précédemment.

On voit immédiatement que S croît en raison inverse de φ ou proportionnellement à Π, si δ est constant; dans le cas d'un œil placé à une distance invariable du foyer, le pouvoir séparateur est proportionnel à la puissance de la loupe.

Il croît avec δ : il y a donc intérêt à éloigner le plus possible l'œil du foyer, à le rapprocher le plus possible de la lentille.

Enfin, en mettant l'expression sous la forme :

$$S = \Pi \left(1 + \frac{\delta}{\varpi} \right),$$

on voit que S varie en sens inverse de ϖ; le pouvoir séparateur est d'autant plus grand que le *punctum proximum* est plus rapproché, que l'œil est moins presbyte.

160. *Grossissement dans la loupe.* — D'après ce que nous venons de dire, la meilleure condition dans laquelle il convient de se placer en général est celle dans laquelle l'image est au *punctum proximum*.

La valeur maxima du grossissement est alors :

$$G = \frac{\varpi}{\varphi} \left(1 + \frac{\delta}{\varpi} \right) = \Pi \varpi \left(1 + \frac{\delta}{\varpi} \right)$$

ou
$$G = \frac{\varpi + \delta}{\varphi} = \Pi (\varpi + \delta).$$

On voit que G est proportionnel à Π ou inversement proportionnel à ϙ : le grossissement est proportionnel à la puissance de la loupe ou inversement proportionnel à sa distance focale.

D'autre part, δ étant positif dans ce cas, G varie dans le même sens que δ; le grossissement augmente au fur et à mesure que l'œil s'éloigne du foyer, se rapproche de la loupe par conséquent.

Enfin, on voit également que le grossissement varie en même temps que ϖ; il est d'autant plus considérable que le *punctum proximum* est plus éloigné, que l'œil est plus presbyte.

Il semble, au premier abord, qu'il y a contradiction entre ce dernier résultat et celui que nous avons signalé pour l'influence de ϖ sur le pouvoir séparateur. Mais la contradiction n'existe pas, car le grossissement et le pouvoir séparateur n'ont pas la même signification : le grossissement est seulement la mesure de l'utilité relative de l'appareil, le pouvoir séparateur est la mesure de l'utilité absolue.

161. — Dans la pratique, en général, on place toujours l'œil à une distance invariable non du foyer, mais de la lentille, distance la plus rapprochée possible, qui est déterminée par la distance du centre optique de l'œil à la cornée augmentée de l'épaisseur des paupières et de la longueur des cils; lorsque l'on fait varier ϙ, on ne peut dès lors supposer que δ reste constant. Appelons Δ l'abscisse du centre de l'œil par rapport à la lentille (avec la convention ordinaire pour le signe).

On a alors :
$$\varphi = \Delta - \delta,$$

d'où :
$$\delta = \Delta - \varphi.$$

Les formules qui donnent le pouvoir séparateur et le grossissement (*14*) deviennent alors :

$$S = -\frac{1}{\varphi}\left(1 + \frac{\Delta - \varphi}{\varpi}\right) = \frac{1}{\varpi}\left(\frac{\varpi + \Delta}{\varphi} - 1\right)$$

et :
$$G = -\frac{\varpi}{\varphi}\left(1 + \frac{\Delta - \varphi}{\varpi}\right) = -\left(\frac{\varpi + \Delta}{\varphi} - 1\right).$$

On voit que dans le cas où l'œil conserve la même position

par rapport à la surface de la lentille, le pouvoir séparateur et le grossissement augmentent lorsque la distance focale diminue; mais il n'y a pas proportionnalité.

162. *Loupe de Stanhope.* — La   upe de Stanhope est optiquement l'appareil le plus simple que l'on puisse concevoir. Elle consiste en un cylindre de verre terminé à une extrémité par une face plane, à l'autre par une face convexe : on applique l'objet à examiner contre la face plane, les rayons qui en émanent entrent directement dans le verre et n'ont à subir qu'une réfraction pour arriver à l'œil.

La longueur du cylindre est un peu inférieure à la distance focale du dioptre : la face plane s'écarte peu du plan focal.

Dans ces conditions, l'objet se trouvant entre le foyer et le plan principal, l'image est droite et agrandie ; mais la distance à laquelle elle se fait est invariable, car on ne peut déplacer l'objet. Il n'est donc pas possible de se placer dans les meilleures conditions pour un œil déterminé. Aussi cet appareil est-il peu employé.

163. *Loupes composées.* — Les loupes composées sont des appareils formés de deux ou plusieurs lentilles constituant un système centré direct, c'est-à-dire dans lequel le premier plan focal est avant le premier plan principal ; nous savons dans ces conditions que les grandes images virtuelles sont droites.

Nous ne parlerons ici que des loupes composées proprement dites, rejetant les oculaires composés qui ne peuvent servir que d'oculaires et non de loupes.

On a souvent des loupes de diverses distances focales et, par suite, de diverses puissances, montées dans des bonnettes qui peuvent tourner autour d'une axe excentrique pour rentrer dans un étui. On fait sortir, pour l'utiliser seulement, la loupe qui correspond au grossissement que l'on cherche : on peut également sortir deux lentilles à la fois et regarder à travers leur ensemble qui constitue une loupe composée.

On peut, comme approximation au moins, se rendre compte

do l'avantage que l'on trouve à cette disposition. En regardant, en effet, les deux lentilles que l'on utilise ensemble comme deux lentilles infiniment minces mises en contact, le pouvoir dioptrique Π de l'ensemble est la somme des puissances dioptriques π_1 et π_2 des verres composants. La puissance et le pouvoir séparateur seront donc augmentés dans le même rapport. En réalité, il n'en est pas ainsi parce que les lentilles que l'on emploie ne sont pas infiniment minces et ne peuvent être considérées comme étant au contact.

Cherchons dans ce cas la formule qui donne la distance focale du système; elle dérive de la formule générale (13); si nous appelons Φ la distance focale du système (celle qui correspond à F") et γ_1, γ_2 celles des deux lentilles composantes, il vient :

$$\Phi = - \frac{\gamma_1 \gamma_2}{e - \gamma_1 - \gamma_2}.$$

Dans le cas qui nous occupe, la distance des lentilles composantes est petite; on a numériquement $\gamma_1 + \gamma_2 > e$; Φ est alors négatif et le système est direct. On peut écrire :

$$\Phi = \frac{\gamma_1 \gamma_2}{\gamma_1 + \gamma_2 - e}.$$

En prenant l'inverse, ce qui permet d'introduire les pouvoirs dioptriques $\Pi = \frac{1}{\Phi}$, $\pi_1 = \frac{1}{\gamma_1}$ et $\pi_2 = \frac{1}{\gamma_2}$, on a :

$$\Pi = \pi_1 + \pi_2 - e\pi_1\pi_2,$$

quantité qui décroît quand e augmente. La puissance de l'ensemble des deux loupes est moindre que la somme des puissances des loupes composantes.

La disposition que nous venons d'indiquer permet d'utiliser des loupes simples pour en faire une loupe composée. Mais il y a des appareils où la loupe est invariablement composée de plusieurs lentilles ; ce sont des loupes composées proprement dites, doublets ou triplets, d'une part, et la loupe de Chevalier ou de Brücke, d'autre part.

Les doublets et triplets servent rarement de loupes à proprement parler et sont plus souvent employés comme oculaires dans les microscopes ou dans les lunettes : nous en dirons cependant quelques mots.

164. *Doublet de Wollaston.* — Le *doublet*, comme son nom l'indique, est formé de deux lentilles; les divers modèles diffèrent par le rapport des distances focales à l'écartement des lentilles.

Le doublet de Wollaston est constitué par deux lentilles convergentes telles que si l'on appelle c la distance des lentilles, on a $\gamma_1 = \dfrac{2}{3} c$ et $\gamma_4 = 2c$. Comme nous l'avons indiqué déjà (**107**), les plans cardinaux de ce système composé sont donnés par les équations :

$$F' - p_1 = -\frac{2}{3} c \qquad\qquad F'' - p_4 = -\frac{2}{5} c$$

$$P' - p_1 = \frac{2}{5} c \qquad\qquad P'' - p_4 = -\frac{6}{5} c$$

et $\qquad \Phi = \frac{4}{5} c.$

Le système est direct; le foyer F' est réel; le foyer F'', virtuel; le plan principal P' est entre les deux lentilles (fig. 104).

Une lentille de distance focale $\dfrac{4}{5} c$ produirait à la même distance une image de même grandeur, la distance étant comptée à partir de F'' dans les deux cas, à cause de la relation $\dfrac{1}{0} = \dfrac{\lambda'}{\Phi}$; mais à ce point de vue le doublet est moins avantageux que la loupe simple, car dans le doublet l'œil est nécessairement en arrière de F'', tandis que dans la loupe, il peut être en avant, ce qui est plus avantageux, nous l'avons démontré d'une manière générale.

D'autre part, pour obtenir la même image, l'objet devrait, dans les deux cas, être à la même distance du foyer F', à cause de la relation $\dfrac{1}{0} = \dfrac{\Phi}{\lambda}$. Mais le foyer F' est à une distance de p_1

moindre que $\frac{1}{3}$ e, puisque l'on a F' $p_1 = \frac{2}{3}$ e : il y a donc
moins d'espace entre l'objet et la première surface dans le dou-
blet que dans la loupe. Cette distance, qu'on appelle *distance
frontale*, doit avoir une certaine grandeur dans la pratique, si
l'on veut, par exemple, disséquer sous la loupe ou le microscope, car il doit y avoir un passage libre pour les scalpels, les
pointes, etc. A cet égard encore le doublet est désavantageux.
Ajoutons que, comme tout système composé, le doublet a un
champ limité.

Mais le doublet présente certains avantages; d'abord, la meilleure condition pour l'utiliser correspond à l'état de non-accom-
modation de l'œil, tandis que pour la loupe simple les conditions
sont contraires : l'emploi continu du doublet doit donc être moins
fatigant que l'emploi continu de la loupe.

De plus, et c'est là le point capital, on peut, avec la même
distance focale obtenir avec le doublet une moindre aberration
de sphéricité qu'avec la loupe simple.

Le doublet se compose essentiellement de deux lentilles plan-
convexes fixées dans une monture en laiton, les faces planes
tournées du côté de l'objet. Un diaphragme présentant une
ouverture circulaire est intercalé entre les deux lentilles dans
le but d'intercepter les parties de faisceaux qui ne peuvent être
utilisées pour la vision, comme nous l'avons indiqué d'une manière générale.

165. *Loupe de Chevalier ou de Brücke.* — Cette loupe dont
l'emploi remonte à Galilée et qui avait été abandonnée, fut
construite de nouveau par Chevalier en 1839; Brücke l'aurait
reprise seulement en 1851.

Elle diffère des doublets en ce que la deuxième lentille est
divergente au lieu d'être convergente.

Soit un objet AB (fig. 133 et 134) placé devant la lentille convergente p_1 de manière à en donner une image réelle et agrandie
ab : mais avant la formation de cette image, on place la lentille
divergente p_2 de telle façon que son foyer f_2' soit placé avant ab.

Cette lentille donne alors de *ab* une image agrandie et renversée
A'B', qui se trouve droite par rapport à l'objet.

Si, dans ces conditions, on cherche les plans focaux et les plans
principaux du système, on trouve que la distance focale P″F″

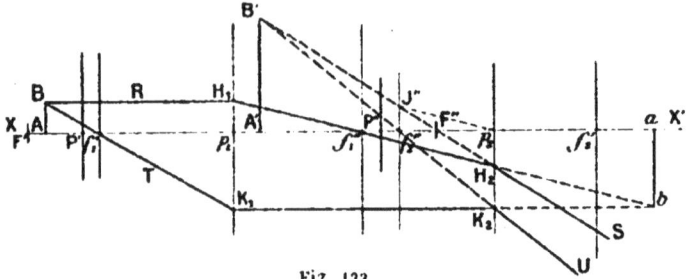

Fig. 133.

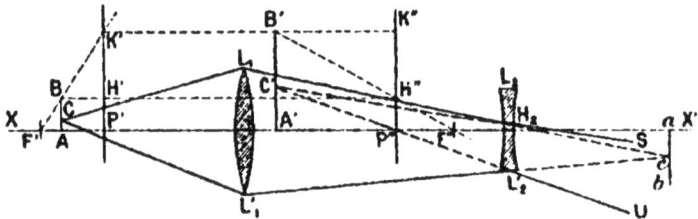

Fig. 134.

est plus petite que celle de la lentille p_1; le système, qui est
direct, est donc plus puissant que cette seule lentille. De plus,
le plan F″ est en avant de f_1', assez loin, par conséquent, de p_1.

Avec une lentille unique de distance focale F'P', on pourrait
bien obtenir une image de même grandeur que A'B'; il suffirait
que sa distance au premier plan focal fût égale à F'A (puisque
nous savons que la formule $\dfrac{1}{0} = \dfrac{?}{\lambda}$ s'applique aussi bien aux

systèmes qu'aux lentilles simples); mais alors la distance frontale serait AP', tandis que dans cette loupe composée elle est
Ap_1 qui est beaucoup plus considérable, ce qui constitue un
avantage sérieux.

Les plans P″F″ sont entre les lentilles p_1 et p_2. A cet égard,
il y aurait à présenter les mêmes observations que celles que
nous avons indiquées pour le doublet.

La figure 134 indique la marche effective d'un faisceau émané du point C de l'objet, point vu en C' par l'œil placé derrrière L_2. Ce faisceau a été choisi de manière à correspondre au point C qui limite le champ de la loupe composée (**154**).

166. *Microscopes.* — Comme nous l'avons dit, les microscopes sont des appareils destinés à donner des images rétiniennes agrandies des objets, mais avec renversement de l'image.

Lorsque l'appareil fonctionne de manière à ce qu'il y ait à considérer des images virtuelles, ce qui est le cas presque toujours réalisé, ces images virtuelles sont donc des images renversées. Le système centré qui constitue le microscope est donc un système inverse.

Le microscope est nécessairement un appareil composé, car les lentilles divergentes qui, seules, appartiennent au système inverse, ne donnent d'images virtuelles agrandies que dans le cas d'objets virtuels.

Le microscope le plus simple (fig. 135 et 136) est constitué par

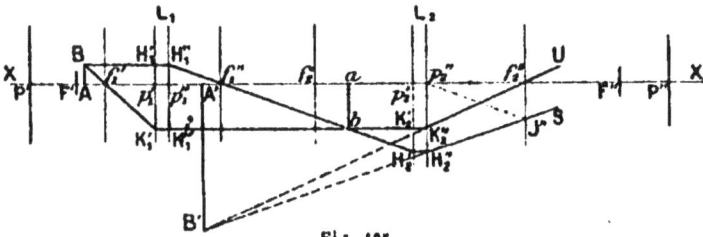

Fig. 135.

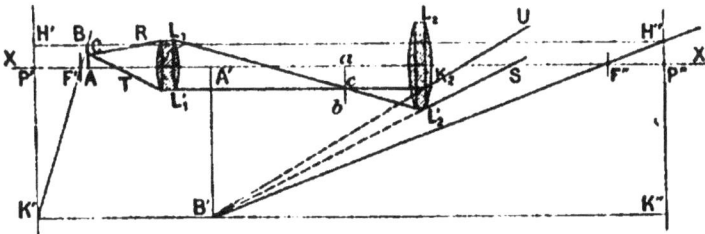

Fig. 136.

deux lentilles convergentes appelées l'objectif L_1 et l'oculaire L_2. L'objet AB est placé entre le plan focal et le plan antiprincipal de l'objectif qui en donne une image réelle et agrandie ab. L'oculaire est placé de telle sorte que cette image se fasse entre son foyer f_2' et son plan principal p_2'; on en obtient donc une image virtuelle, droite et agrandie A'B', et par conséquent renversée par rapport à AB.

On dit généralement que l'oculaire fonctionne comme une loupe à l'aide de laquelle on regarde l'image réelle formée par l'objectif. Il faut cependant tenir compte que c'est, non un objet, mais une image que l'on regarde, ce qui explique que le champ de l'appareil est limité.

On sait que, dans la loupe, l'image doit se faire à des distances variables suivant les observateurs, ce qui exige qu'on puisse déplacer la loupe par rapport à l'objet ou inversement. Dans le microscope, on change la distance de l'objet à l'objectif qui est lié invariablement à l'oculaire pour l'observation ; la position de l'image réelle par rapport à la loupe change donc aussi. Dans quelques modèles, le microscope est fixe et la platine sur laquelle repose l'objet est mobile : le plus souvent, au contraire, la platine est fixe et c'est l'appareil tout entier qui subit le déplacement.

Si l'on détermine la position des plans focaux et des plans principaux dans un pareil système, soit par une construction directe, soit en se reportant à la discussion générale que nous avons faite, on voit que le système est inverse et que les foyers F' et F″ sont réels (car la distance des deux lentilles est plus grande que la somme des distances focales).

A ce point de vue, pour avoir une image renversée et agrandie, il faut placer l'objet entre le plan focal F' et le plan antiprincipal, c'est-à-dire plus près de l'objectif que n'est F'.

167. — La position de l'œil doit être étudiée par rapport à F″; dans le cas que nous avons supposé, le point F″ est assez loin de p_2'' pour que l'on puisse placer l'œil avant ce point; on sera donc dans les meilleures conditions possibles en approchant l'œil le plus près de l'oculaire et en accommodant au maximum. Mais il n'en est pas toujours ainsi et la distance p_2'' F″ peut être assez petite pour que, en rapprochant l'œil le plus possible, le centre optique soit en arrière de F″. Dans ce cas, nous savons qu'il convient de relâcher complètement l'accommodation tout en se plaçant près de la lentille.

Dans le premier cas, la position de l'objet devra être telle que l'image A′B′ soit au *punctum proximum;* dans le second cas, l'image A′B′ devra être au *punctum remotum.* De très petits déplacements de l'objet amènent d'ailleurs rapidement ces modifications dans la position de A′B′.

En réalité la distance du centre optique de l'œil est toujours petite, de telle sorte qu'on est à peu près dans les mêmes conditions que s'il y avait coïncidence entre ces deux points. Le déplacement de l'image ne produit que des variations minimes de l'image rétinienne et il n'y a pas, au point de vue de la grandeur de celle-ci, un intérêt sérieux dans la pratique à ce que l'image de l'objet se fasse en un point déterminé.

Comme nous l'avons indiqué d'une manière générale, le champ du microscope est limité et, comme il se forme une image réelle, on peut placer un diaphragme qui ne laisse voir que les points qui sont tous également éclairés.

La figure 136 montre en $CL_1L_1'cK_1L_1'US$ la marche du faisceau qui correspond au point C qui limite le champ (**154**). Le diaphragme devrait être placé en *ab* et le rayon de l'ouverture serait *ac.*

Nous déterminerons ultérieurement la valeur du champ.

168. *Objectifs et oculaires composés.* — Il est évident que, pour un même écartement des lentilles, on a intérêt à employer un objectif et un oculaire de petites distances focales; car l'image *ab* se faisant à la même position sera plus grande, et d'autre part le rapport $\dfrac{A'B'}{ab}$ sera aussi augmenté.

Mais, afin d'éviter les aberrations de sphéricité qui acquièrent une grande importance, on est conduit à prendre pour objectif un système composé, et pour oculaire également un système composé. Il est aisé de comprendre que rien n'est changé, d'une manière générale, à ce que nous avons dit; chaque système étant défini, quelle que soit sa composition, par ses plans focaux et ses plans principaux, on peut déterminer, comme dans le cas simple, la grandeur et la position des images *ab* et A'B'. La seule différence c'est que les plans principaux seront plus écartés.

Mais, en général, on emploie une autre disposition, en introduisant dans l'appareil un système auquel on donne le nom d'*oculaire négatif*, mais qui, en réalité, joue un rôle complètement différent de l'oculaire simple que nous avons indiqué d'abord. Voici la disposition ordinairement employée :

Entre l'objectif L₁ (fig. 137) proprement dit (simple ou composé) et le point où se forme l'image réelle *ab* qu'il fournit, on

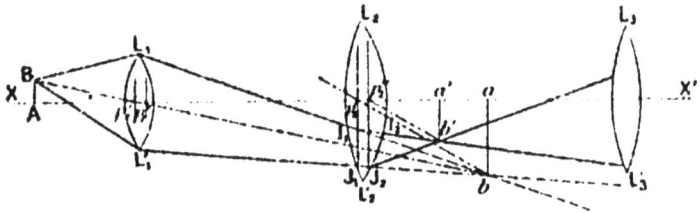

Fig. 137.

place une lentille convergente L₂ qui donne nécessairement une image *a'b'*, réelle également, mais plus petite et plus rapprochée. A la suite de cette image, on place une lentille L₃ dans les conditions ordinaires de l'oculaire. Cette lentille intercalée L₂, dont nous expliquerons plus loin le rôle important, est appelée la *lentille de champ*.

Si l'on veut comparer ce système complexe au microscope composé de deux lentilles, on peut dire que l'objectif proprement dit et la lentille de champ pris ensemble forment un objectif composé donnant une image réelle que l'on regarde avec la troisième lentille, l'oculaire, faisant fonction de loupe.

Mais dans la pratique, il n'y a pas de liaison matérielle entre l'objectif et la lentille de champ, tandis que, au contraire, la lentille de champ et l'oculaire proprement dit sont reliés ensemble dans la même monture. Pour cette raison, on dit qu'ils forment ensemble un oculaire composé : la raison ne nous paraît pas suffisante, et cette dénomination peut amener une confusion. Il est vrai que, pour caractériser ce système qui diffère de l'oculaire proprement dit en ce qu'il se place avant la formation de l'image réelle, on dit que c'est un oculaire *négatif*; il serait préférable, si l'on tient à donner un nom spécial à l'ensemble de la lentille de champ et de l'oculaire, d'employer une expression spéciale qui ne permit pas la confusion.

169. *Lentille de champ.* — Indiquons maintenant la propriété à laquelle la lentille de champ doit son nom :

Soit AB (fig. 137) un objet dont la lentille L_1 donne l'image réelle en *ab*; le point B est hors du champ de l'appareil, car le faisceau réfracté qui a pour base L_1 et pour sommet *b* ne rencontre pas l'oculaire. Intercalons la lentille convergente L_2 et soit alors *a'b'* l'image réelle qui est formée. Le faisceau réfracté $L_1 b L_1'$ coupe L_2 suivant $I_1 J_1$ et subit un changement, non seulement de convergence, mais aussi de direction. Les points *b* et *b'* devant être sur deux droites de direction parallèle $p_2'b$ et $p_2''b'$, le point *b'* est plus rapproché de l'axe que *b* : ce point étant le sommet du faisceau réfracté, on voit que celui-ci est rapproché de l'axe et qu'il va rencontrer l'oculaire; le point B qui était hors du champ sans l'emploi de L_2 devient visible pour l'observateur qui met son œil derrière l'oculaire; il est dans le champ.

Il est vrai que cet avantage est compensé par l'inconvénient que l'image *a'b'* que l'on regarde avec L_3 est plus petite que *ab* et que par conséquent le grossissement obtenu est moindre.

Ajoutons, et ce n'est pas là le moindre avantage de cette disposition, que les aberrations de sphéricité et de réfrangibilité peuvent être considérablement diminuées par un choix convenable des deux lentilles L_2 et L_3.

170. *Pouvoir séparateur. Grossissement.* — Les considérations générales que nous avons exposées s'appliquent directement au microscope; nous aurons donc en conservant les mêmes notations (**151**) :

$$s = \frac{1}{\Phi}\left[1 + \frac{\delta}{d}\right] \quad \text{et} \quad g = -\frac{\varpi}{\Phi}\left[1 + \frac{\delta}{d}\right],$$

Φ étant la distance focale du système tout entier.

Si Φ n'a pas été déterminé directement, on aurait sa valeur par l'équation (dans le cas de deux lentilles) :

$$\Phi = \frac{-\varphi_1\varphi_2}{e - \varphi_1 - \varphi_2}.$$

Il viendrait alors :

$$S = -\frac{e - \varphi_1 - \varphi_2}{\varphi_1\varphi_2}\left[1 + \frac{\delta}{d}\right]$$

et

$$g = -\frac{(e - \varphi_1 - \varphi_2)\,\varpi}{\varphi_1\varphi_2}\left[1 + \frac{\delta}{d}\right].$$

On ne peut dire d'une manière générale quelle valeur il convient de donner à d pour avoir le plus grand pouvoir séparateur et le plus fort grossissement, car cette valeur dépend de δ, de la position de l'œil par rapport au foyer du système; toutefois, il résulte de mesures que nous avons prises directement sur divers instruments que, dans beaucoup de cas, le foyer du système est trop près de l'oculaire pour qu'il soit possible que le centre de l'œil soit avant le foyer; dans quelques instruments (et nous entendons par là une combinaison donnée d'objectif et d'oculaire), le foyer est assez éloigné pour qu'on puisse mettre l'œil avant ce foyer. Mais en tout cas, lorsque l'on interpose la chambre claire pour faire une mesure, le centre optique de l'œil est toujours en arrière du foyer. Nous admettrons que cette position est générale; nous savons que le pouvoir séparateur et le grossissement ont la plus grande valeur possible quand l'œil n'est pas accommodé : il faut alors remplacer d par φ distance du *punctum remotum*, et il vient :

$$S = -\frac{e - \varphi_1 - \varphi_2}{\varphi_1 - \varphi_2}\left[1 + \frac{\delta}{\varphi}\right]$$

$$G = -\frac{(e - \varphi_1 - \varphi_2)\,\varpi}{\varphi_1\varphi_2}\left[1 + \frac{\delta}{\varphi}\right].$$

Les conséquences à déduire de la considération de la paren-
thèse $\dfrac{\rho + \delta}{\rho}$ sont les mêmes que nous avons indiquées d'une
manière générale; il n'y a pas lieu d'y insister, il nous suffit
d'indiquer l'influence des éléments constituant l'appareil qui sont
compris dans le facteur $\dfrac{e - \varphi_1 - \varphi_2}{\varphi_1 \varphi_2}$.

171. — Comme il était aisé de le prévoir, les valeurs de s et
de S, ni celles de g et G ne peuvent suffire pour caractériser un
microscope déterminé, puisqu'elles dépendent toutes des conditions de l'œil de l'observateur.

On peut conventionnellement prendre pour caractériser la
valeur d'un microscope le pouvoir séparateur correspondant à un
œil emmétrope non accommodé. Si dans la valeur de S nous
faisons $\rho = \infty$, nous aurons, en désignant par Σ le pouvoir
séparateur correspondant que nous appellerons *pouvoir séparateur absolu :*

$$\Sigma = - \frac{e - \varphi_1 - \varphi_2}{\delta_1 \varphi_2} = \frac{1}{\phi}.$$

Le pouvoir séparateur absolu est donc égal à la puissance du
système centré qui constitue le microscope.

172. — Dans les microscopes on a toujours $e > \varphi_1 + \varphi_2$; la
valeur négative de S et de G correspond au fait que l'image est
renversée.

Le facteur $\dfrac{e - \varphi_1 - \varphi_2}{\varphi_1 \varphi_2}$ peut s'écrire indifféremment :

$$\frac{e - \varphi_2}{\varphi_1 \varphi_2} - \frac{1}{\varphi_2} \qquad \text{ou} \qquad \frac{e - \varphi_1}{\varphi_1 \varphi_2} - \frac{1}{\varphi_1},$$

la première forme montre que la valeur de ce facteur augmente
quand φ_1 diminue; la seconde forme conduit à la même conclu-
sion pour φ_2. Il y a donc intérêt à prendre des lentilles de grande
puissance pour l'objectif et pour l'oculaire.

La question est plus complexe si l'oculaire est composé; nous
ne nous y arrêterons pas.

173. *Grandissement dans le microscope.* — Il est souvent utile, lorsqu'on se sert du microscope, de déterminer le rapport qui existe entre la grandeur réelle de l'image de l'objet et celle de l'objet, ce que l'on peut appeler le *grandissement* fourni par l'appareil. Si, par exemple, on a pris le dessin d'un objet à la chambre claire et si l'on connaît le grandissement correspondant aux conditions dans lesquelles on a opéré, il sera possible d'en conclure les dimensions de l'objet.

Les formules générales donnent :

$$\frac{I}{O} = -\frac{\lambda'}{\Phi} = -\lambda'\Sigma.$$

Si donc on connaît la distance focale Φ ou le pouvoir séparateur absolu Σ et si l'on sait quelle est la valeur de λ', on pourra calculer le grandissement.

Dans le cas où l'on emploie la chambre claire, on sait à quelle distance est l'image que l'on regarde, puisqu'elle doit coïncider avec le papier sur lequel on dessine ; si donc on connaît la position du foyer F'', qui permet de déterminer λ', et la valeur de Φ, on a aisément la valeur du grandissement dans les conditions où l'on a opéré.

La connaissance de Σ (ou de Φ) et celle de la position du foyer F'' seraient bien plus utiles à cet égard que les indications données par les constructeurs sous le nom de grossissement, indications que l'on ne peut utiliser, parce que l'on ignore à quelle distance était l'image lors des mesures qui ont été effectuées pour déterminer ces indications numériques.

La comparaison à l'aide de la chambre claire d'un micromètre et d'une règle divisée donne directement la valeur du grandissement $\frac{I}{O}$ pour la distance à laquelle se fait l'image. Une série de mesures effectuées de cette manière permet de déterminer aisément la valeur du pouvoir séparateur absolu Σ et la position du foyer F'' (*).

_____

(*) Voir *Bulletin de la Société de Physique*, 1887, p. 186.

174. *Champ du microscope.* — Les formules générales que nous avons trouvées (**155**) permettent d'étudier le champ du microscope : nous nous occuperons d'abord du cas où l'oculaire est simple. Nous aurons alors (*16*) en employant les notations précédemment définies :

$$\text{tg}\ \frac{1}{2}\cdot\zeta = \frac{\Delta_1\,(z_1' - c) + \Delta_2 z_1'}{c z_1'} = \frac{\Delta_2}{c} + \frac{(z_1' - c)\,\Delta_1}{c z_1'}.$$

Dans ce cas, Δ_1 est toujours très petit ; Δ_2 diffère peu de l'ouverture de la pupille et z_1' est une quantité négative.

Supposons maintenant que l'on emploie l'oculaire négatif d'Huyghens ; nous admettrons qu'il suffit de considérer le champ correspondant à la deuxième lentille, à la lentille de champ ; si nous considérons un faisceau, nous devons, en effet, remarquer qu'il est très étroit, à cause de la petitesse de Δ_1 et qu'il diffère peu de son axe. Par un choix convenable de la lentille de champ, on peut toujours ramener cet axe à rencontrer l'oculaire ; il en est donc de même, au moins approximativement, du faisceau qui est très étroit et qui, d'ailleurs, est coupé près de son sommet.

Si l'on emploie le même objectif, il fera l'image réelle à la même distance z_1', sans l'action de la lentille de champ : si nous appelons Δ_2' l'ouverture de celle-ci, c' sa distance à l'objectif, on aura, par la formule (*15*) :

$$\text{tg}\ \frac{1}{2}\ \zeta' = \frac{\Delta_1\,(z_1' - c') + \Delta_2' z_1'}{c' z_1'} = \left(\frac{\Delta_2'}{c'} + \frac{\Delta_1\,(z_1' - c')}{c' z_1'}\right).$$

On peut, au moins comme approximation, négliger les seconds termes, car $\dfrac{\Delta_1}{c}$ et $\dfrac{\Delta_1}{c'}$ sont très petits et ils sont multipliés par $\dfrac{z_1' - c}{z_1'}$, quantité numériquement plus petite que 1, car z_1' et c sont de même signe. On a donc :

$$\text{tg}\ \frac{1}{2}\ \zeta = \frac{\Delta_2}{c} \qquad \text{et} \qquad \text{tg}\ \frac{1}{2}\ \zeta' = \frac{\Delta_2'}{c'}.$$

On ne peut utilement comparer ces deux résultats, la comparaison ne serait intéressante que s'il s'agissait d'appareils donnant le même grossissement.

175. *Des lunettes.* — Les lunettes sont destinées à regarder des objets situés à une distance invariable de l'observateur : généralement cette distance est grande, très grande même souvent, et les déplacements restreints qu'on peut communiquer à l'appareil sont négligeables par rapport à la distance qui le sépare de l'objet. Mais il conviendrait de ranger également dans·les lunettes un appareil destiné à regarder un objet rapproché, mais placé à une distance absolument invariable.

Dans un cas comme dans l'autre, on ne saurait employer un appareil invariable, lentille unique ou système composé, car il se ferait de l'objet une image à une distance également invariable, tandis qu'il est nécessaire de pouvoir faire varier la position de cette image pour l'adapter aux diverses vues et pour l'examiner dans les meilleures conditions possibles. Une lunette doit donc contenir au moins deux lentilles pouvant s'écarter l'une de l'autre : la première lentille tournée du côté de l'objet est l'objectif; la lentille derrière laquelle l'observateur place son œil est l'oculaire.

176. — Il y a lieu de diviser les lunettes en deux groupes, suivant qu'elles donnent des images rétiniennes qui sont de même sens que celles que donnent les objets, ou qu'elles donnent des images de sens contraire, suivant que la *vision est droite ou renversée.*

Les conditions dans lesquelles ces résultats peuvent être obtenus diffèrent avec la vue de l'observateur et avec les conditions de l'observation. Nous supposerons en tout cas que l'objet est assez éloigné pour que les faisceaux qu'il envoie puissent être considérés comme parallèles.

Examinons d'abord le cas où l'objet est à l'infini et où l'œil de l'observateur est emmétrope sans accommodation, ou, plus généralement, où il est disposé pour voir à l'infini. Les faisceaux sortant de la lunette pour arriver à l'œil doivent être parallèles, et dès lors le système doit être afocal.

Si la vision doit être droite, il faut employer un système afocal direct. Si donc la lunette se compose de deux lentilles seulement, l'une des deux doit être divergente (**102**).

On peut arriver au même résultat avec des lentilles convergentes seulement, si l'on en emploie plus de deux.

Si la vision doit être renversée, il faut employer un système afocal inverse et s'il n'y a que deux lentilles, elles doivent être toutes deux convergentes.

Si l'œil de l'observateur est myope ou si, d'une manière plus générale, il est disposé à voir à une distance déterminée en avant, il regardera l'image virtuelle située en avant. Il faudra donc employer un système ayant des foyers, des plans cardinaux. L'image de l'objet se fera au foyer F″ du système qui devra dès lors être en avant de l'œil de l'observateur, et au point pour lequel il est accommodé; si la vision doit être droite le système devra être direct.

Il devra être inverse si la vision doit être renversée.

En se reportant à la discussion générale, on voit que, partant d'un système afocal donnant la vision dans un certain sens à l'infini, on passera à un système focal donnant la vision de même sens, en rapprochant les deux lentilles, en diminuant le tirage suivant l'expression consacrée.

Si l'œil de l'observateur est hypermétrope, s'il peut avoir la vision nette avec des faisceaux convergents, il faut que le foyer F″ se fasse derrière l'œil, qu'il coïncide avec le *punctum remotum* si l'œil n'est pas accommodé.

Dans ce cas, il faut que le sommet du faisceau soit au-dessous de l'axe pour donner une image droite et inversement.

Il faudra donc avoir un système inverse dans le cas de la vision droite et un système direct dans le cas de la vision renversée.

Partant du système afocal, on passera à ce cas, en éloignant les lentilles, en augmentant le tirage.

177. — Dans les diverses lunettes, l'objectif est une lentille convergente, il donne une image réelle renversée et diminuée de l'objet, car l'objet, placé loin en général, est au delà du plan antiprincipal de l'objectif. Nous admettrons que l'objet est assez loin pour qu'on puisse regarder son image comme se faisant sensiblement dans le plan focal de l'objectif.

Les faisceaux qui forment cette image, invariable de grandeur et de position tombent sur l'oculaire et subissent une modification du même genre que celle qui se passe dans une loupe.

On pourrait déterminer les plans focaux et les plans principaux du système, et les utiliser pour trouver la forme de ces faisceaux, c'est-à-dire pour déterminer la grandeur et la position de l'image que regarde l'observateur; mais cela est sans grand intérêt. En effet, ces plans ne sont pas déterminés pour un appareil donné, comme il arrive pour le microscope; ils changent de distance et de position relative en même temps que l'écartement des lentilles, en même temps que le *tirage*, ainsi que l'on appelle la variation d'écartement. Ils ne sont pas caractéristiques de l'appareil, mais seulement d'un état de l'appareil, et perdent par là leur avantage de simplifier les constructions.

178. *Pouvoir séparateur, grossissement dans les lunettes.* — Étudions le pouvoir séparateur dans les lunettes; en nous reportant à la formule qui définit cet élément (**148**) et employant les notations déjà usitées, nous aurons :

$$S = \frac{\theta_i}{\theta} = -\frac{1}{\theta l}.$$

Si nous appelons Φ la distance focale du système centré qui constitue la lunette et λ l'abscisse de l'objet par rapport au foyer F' de ce système, nous savons (*9*) que l'on a :

$$\frac{1}{\theta} = \frac{\Phi}{\lambda},$$

et, par suite, il vient :

$$S = -\frac{\Phi}{\lambda l}.$$

Mais la quantité Φ n'est pas déterminée, elle varie avec le tirage : il en est de même de la position du foyer F', de telle sorte que, pour une situation déterminée de l'objet, λ n'est pas connu. Il faut calculer d'abord Φ et λ.

Si nous connaissions la distance e qui sépare les deux lentilles, nous aurions (*8'*) :

$$\Phi = -\frac{\varphi_1 \varphi_2}{e - \varphi_1 - \varphi_2},$$

φ_1 et φ_2 étant les distances focales de l'objectif et de l'oculaire. La quantité e est déterminée de manière que l'image se fasse à la distance d pour laquelle l'œil de l'observateur est accommodé.

Exprimons cette condition :

Nous admettrons, pour simplifier, que l'objet est assez loin pour que l'on puisse considérer que l'image qu'en fournit l'objectif coïncide sensiblement avec le plan focal f_1'' de cette lentille : la formule $\lambda\lambda' = - \varphi^2$ montre, en effet, que λ' devient très petit quand λ est très grand.

Il faut donc exprimer que le plan focal f_1'' est conjugué du plan situé à la distance d de l'œil par rapport à l'oculaire. L'abscisse de f_1'', par rapport à f_2' est $\varphi_1 + \varphi_2 - e$; l'abscisse du plan où doit se faire l'image par rapport au plan f_2'' est $d + \delta$, en désignant par δ l'abscisse du centre de l'œil par rapport à f_2''. On doit donc avoir :

$$(\varphi_1 + \varphi_2 - e)(d + \delta) = - \varphi_2'',$$

équation d'où l'on déduira e, ou plus simplement $e - \varphi_1 - \varphi_2$.

D'autre part, appelons D l'abscisse de l'objet par rapport à l'objectif et $\mathfrak{F}'$ celle du foyer F'' par rapport à ce même point, nous aurons :

$$\mathrm{D} = \mathfrak{F}' + \lambda \qquad \text{d'où} \qquad \lambda = \mathrm{D} - \mathfrak{F}',$$

il viendra donc, en remplaçant $\mathfrak{F}'$ par sa valeur :

$$\lambda = \mathrm{D} + \frac{\varphi_1 (e - \varphi_2)}{e - \varphi_1 - \varphi_2},$$

et il faudra remplacer e par la valeur précédemment trouvée.

On aura, après substitution :

$$\Phi = - \frac{\varphi_1(d + \delta)}{\varphi_2}, \qquad \lambda = \frac{(\mathrm{D} + \varphi_1)\,\varphi_2{}^2 + (d + \delta)\,\varphi_1{}^2}{\varphi_2{}^2},$$

et enfin :

$$\mathrm{S} = \frac{\varphi_1\varphi_2\,(d + \delta)}{d\,[(\mathrm{D} + \varphi_1)\,\varphi_2{}^2 + (d + \delta)\,\varphi_1{}^2]}.$$

On voit, comme on pouvait le prévoir, que S varie en sens inverse de D et devient nul quand D devient infini.

On ne peut se servir du pouvoir séparateur pour caractériser une lunette, car il dépend des éléments S, d et D indépendants de l'instrument. On ne peut convenir de prendre la valeur du pouvoir séparateur pour un œil emmétrope non accommodé, comme il pourrait sembler naturel par analogie, car pour $d = \infty$ la quantité S est nulle.

Calculons maintenant le grossissement g : le diamètre apparent de l'objet est :

$$\theta_0 = \frac{O}{D},$$

car la distance D étant très grande, par hypothèse, le diamètre apparent de l'objet est le même sensiblement, que l'on suppose l'œil placé à l'objectif ou à l'oculaire. On a, d'autre part :

$$\theta_i = SO = \frac{\varphi_1 \varphi_2 (d + \delta)\, O}{d\,[(D + \varphi_1)\,\varphi_2{}^2 + (d + \delta)\,\varphi_1{}^2]},$$

et, par suite :

$$g = \frac{\theta_i}{\theta_0} = \frac{\varphi_1 \varphi_2 D\, (d + \delta)}{d\,[(D + \varphi_1)\,\varphi_2{}^2 + (d + \delta)\,\varphi_1{}^2]}.$$

On ne peut non plus prendre cette valeur pour caractériser une lunette, car elle dépend de d, D et δ.

La valeur du grossissement pour un objet placé à l'infini prend la forme :

$$g = \frac{\varphi_1\,(d + \delta)}{d\,\varphi_2},$$

valeur qui dépend encore de l'état et de la position de l'œil de l'observateur. Mais, si l'on convient de supposer que l'œil est emmétrope et non accommodé, c'est-à-dire qu'il est disposé pour regarder à une distance infinie, il vient en désignant par Γ cette valeur particulière :

$$\Gamma = \frac{\varphi_1}{\varphi_2},$$

valeur qui peut caractériser la lunette et que nous désignerons sous le nom de *grossissement absolu* de l'appareil.

Il est à remarquer que, dans ce cas, le système est afocal et que nous eussions pu écrire directement cette valeur (**104**). Le grossissement absolu ne diffère pas de ce que nous avons appelé la puissance angulaire.

179. *Lunette astronomique.* — Nous nous occuperons, d'abord, du cas où la vision est renversée. Les lunettes qui donnent ce résultat sont employées notamment à l'étude des astres; d'où le nom de *lunettes astronomiques* qu'on leur a donné.

Elles sont constituées par deux lentilles convergentes, dont la première, l'objectif L_1, a une grande distance focale. L'objet étant, presque toujours, très éloigné en AB (fig. 138) envoie, pour cha-

Fig. 138.

cun de ses points, des faisceaux parallèles qui donnent, après réfraction, une image réelle et renversée *ab* dans le plan focal f_1''.

La seconde lentille, l'oculaire L_2, peut se déplacer de telle sorte que son plan focal f_2' occupe des positions variables par rapport à f_1''. Si ces deux plans coïncident, la lunette forme un système afocal et, à chaque point de l'objet, à chaque faisceau incident parallèle correspond un faisceau émergent parallèle. Les constructions ordinaires sont applicables; on obtient ainsi, par exemple, le faisceau émergent I_2SII_2U correspondant au faisceau incident Tp_1RI_1, émané du point B de l'objet. Dans ces conditions, un œil hypermétrope non accommodé (infiniment presbyte) voit le point B dans la direction SI_2 : il y a renversement de l'image.

L'angle sous lequel on voit l'objet sans lunette est mesuré par Bp_1A, car, à cause de l'éloignement de l'objet, la position de l'œil est sans influence.

Par l'emploi de la lunette, il est vu sous un angle égal à celui que le rayon I_2S par exemple fait avec l'axe.

Ces angles θ_i et θ_e, à l'incidence et à l'émergence, peuvent être remplacés respectivement par ap_1b et ap_2b. On a :

$$\theta_e = \frac{ab}{\varphi_1} \qquad \text{et} \qquad \theta_i = -\frac{ab}{\varphi_2},$$

la différence de signe correspondant au changement de sens du faisceau. ·

Le grossissement g est le rapport de ces deux angles et l'on a :

$$g = \frac{\theta_e}{\theta_i} = -\frac{\gamma_1}{\gamma_2},$$

ce que nous aurions pu écrire directement (**104**).

Les conditions ne sont pas les mêmes si l'on veut tenir compte de l'accommodation de l'œil. Dans ce cas, l'objectif donnant toujours l'image ab réelle et renversée de l'objet dans son plan focal f_1'' (fig. 139 et 110), l'oculaire agit comme une loupe à l'aide

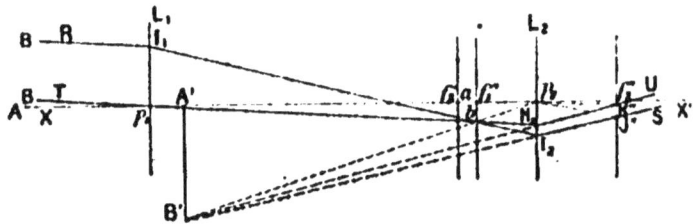

Fig. 139.

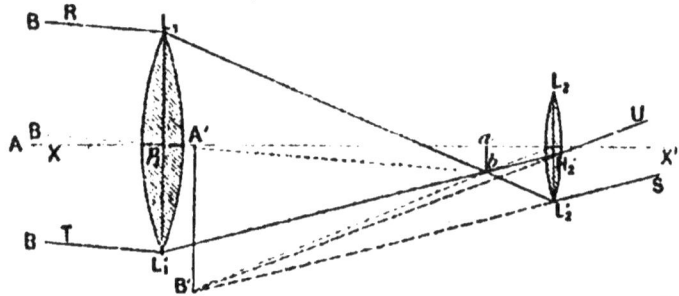

Fig. 140.

de laquelle on regarde l'image réelle : cet oculaire devra donc prendre par rapport à l'image réelle, suivant les circonstances, la même position que, dans les mêmes circonstances, une loupe prendrait par rapport à un objet. C'est-à-dire que, en général (laissant à part les yeux hypermétropes), l'image formée par la loupe doit être virtuelle; l'image réelle A'B' doit donc être placée entre l'oculaire et son plan focal. La position exacte de cet oculaire dépend de la position qu'il convient de donner à l'image virtuelle et celle-ci est liée à la nature de l'œil de l'observateur et aux conditions dans lesquelles il est placé.

Nous supposons qu'on veuille utiliser l'appareil dans les meilleures conditions possibles; nous savons que ces conditions dépendent de la position du centre optique de l'œil par rapport au foyer de la loupe. Si ce centre peut se placer en avant du foyer, il convient de former l'image au *punctum proximum*, l'œil étant alors à l'état d'accommodation maxima. Si, au contraire, pour une raison quelconque, le centre optique de l'œil est en arrière du foyer, il faut mettre l'image au *punctum remotum*, l'œil étant à l'état d'accommodation nulle. Pour un même appareil, le centre optique de l'œil occupe sensiblement la même position par rapport au foyer de l'oculaire; mais il faut faire varier le tirage pour chaque observateur, pour mettre l'image à la distance qui correspond à sa vue.

L'image et l'objet se déplaçant toujours dans le même sens, la lentille doit être d'autant plus loin du plan focal de l'objectif (où se fait l'image réelle qui sert d'objet pour l'oculaire) que la distance où doit voir l'observateur est plus grande. Le tirage devra donc être moindre pour les myopes que pour les emmétropes et moindre pour ceux-ci que pour les hypermétropes, dans le cas où l'on regarde au *punctum remotum*. S'il s'agit de voir au *punctum proximum*, le tirage devra être d'autant plus grand que ce point sera plus éloigné, c'est-à-dire que l'œil sera plus presbyte.

180. — Il est important de remarquer que la position du centre optique de l'œil doit être considérée ici par rapport au foyer de l'*oculaire* et non pas au foyer du *système*, comme cela se présente pour le microscope. Cela tient à ce que, ainsi que nous l'avons déjà dit, le foyer du système n'est pas un point invariable dans le système, comme cela se présente pour le microscope; il change lorsque l'on fait varier la position de l'image.

Dans la lunette, l'image réelle formée par l'objectif est invariable de grandeur et de position, on n'y peut rien modifier; en

la regardant avec l'oculaire, on est dans la même condition (à la
question du champ près) que si l'on regardait un objet de même
grandeur placé au même point.

Dans le microscope, au contraire, l'image réelle, formée par
l'objectif et que l'on regarde à l'aide de l'oculaire, n'est pas
invariable ; elle change de grandeur et de position lorsque l'on
fait varier la distance de l'objet à l'objectif : l'oculaire est donc,
si l'on veut, une loupe, mais une loupe regardant un objet dont
la grandeur varie avec la position ; on ne peut donc lui appliquer les résultats fournis par l'étude générale du grossissement,
résultats qui sont, au contraire, applicables à l'ensemble du système constituant le microscope.

181. — L'oculaire de la lunette astronomique n'est pas toujours une seule lentille ; on peut employer un oculaire composé,
celui de Ramsden, par exemple, qui est une loupe composée, à
l'aide de laquelle on regarde l'image réelle formée par l'objectif.

En se reportant à ce que nous avons dit de l'oculaire de
Ramsden, on voit que son effet est analogue entièrement à celui
d'une lentille simple. Les plans focaux sont en dehors de l'oculaire, de chaque côté : la seule différence (à part, bien entendu,
l'aberration rendue moindre) est que les plans principaux sont
plus écartés.

L'objectif de Ramsden, intercalé dans une lunette, n'apporte
donc aucun changement particulier à son mode de fonctionnement. On peut employer une lentille de champ comme dans le
microscope, comme on dit également, c'est-à-dire utiliser un
oculaire négatif, celui d'Huyghens. L'effet produit et les avantages que l'on obtient sont les mêmes que dans le microscope.
Il n'y a pas lieu d'insister sur ces différents points.

La position du système oculaire proprement dit, par rapport
au système objectif, dépend des conditions dans lesquelles regarde l'observateur. Si l'observateur peut voir l'image à l'infini,
les rayons entrant en faisceaux parallèles dans l'objectif devront
sortir en faisceaux parallèles.

Il faut, autrement dit, que le système soit afocal, ce qui exige

que le foyer f_1'' de l'objectif coïncide avec le foyer f_2' de l'oculaire composé. Le système devant être afocal inverse, il faut de
plus que ce plan commun soit entre l'objectif et le plan principal p_2' de l'oculaire.

Si l'œil ne pouvait voir à l'infini, il faudrait que les rayons
sortissent divergents et, comme nous l'avons indiqué, les lentilles
devraient être plus rapprochées que dans le cas précédent : il
faudrait diminuer le tirage.

Si, enfin, l'œil étant hypermétrope pouvait avoir une vision
nette avec des faisceaux convergents, il faudrait augmenter le
tirage.

Ces résultats sont analogues à ceux que nous avons indiqués
pour le cas où l'oculaire est simple, comme on pouvait le prévoir.

182. *Anneau oculaire.* — Considérons l'image $l_1 l_1'$ (fig. 141)
de l'objectif $L_1 L_1'$ produite par l'oculaire ; c'est une image réelle

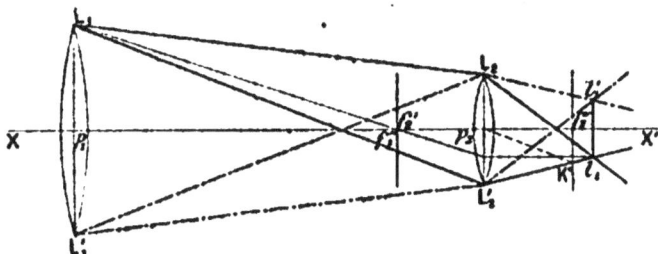

Fig. 141.

dont il est facile de déterminer la position et la grandeur. Si on
appelle Ω son rayon, λ' son abscisse par rapport à f_2'', on a, Δ_1
étant le rayon de l'objectif et λ son abscisse par rapport à f_2' :

$$\lambda \lambda' = - \varphi_2^2 \quad \text{et} \quad \frac{\Omega}{\Delta_1} = \frac{\varphi_2}{\lambda}.$$

Il est à remarquer que tous les rayons qui pénètrent dans
l'appareil passent à travers l'objectif ; ils doivent donc, après la
réfraction, passer dans le cercle que nous venons de déterminer,
qu'on appelle l'*anneau* ou *disque oculaire*.

C'est en ce point qu'on place d'ordinaire l'œilleton qui fixe la

14

position de l'œil, on donne, d'ailleurs, à l'appareil des dimensions telles que cet anneau oculaire ne dépasse pas les dimensions de la pupille, afin que tous les rayons qui ont traversé l'appareil parviennent à l'œil. En réalité, on devrait s'arranger pour que la cornée fût placée un peu en avant de l'anneau oculaire et de manière que l'image de cet anneau à travers la cornée coïncidât en grandeur et position avec la pupille.

La position de l'anneau oculaire n'est pas fixe dans la lunette, elle varie avec λ qui lui-même dépend du tirage.

Dans le cas particulier où l'on a $c = \varphi_1 + \varphi_2$, on a $\lambda = -\varphi_1$ et il vient :

$$\lambda' = \frac{\varphi_2^2}{\varphi_1} \qquad \text{et} \qquad \frac{\Omega}{\Delta_1} = -\frac{\varphi_2}{\varphi_1}.$$

La quantité λ' est positive et assez petite, car elle peut s'écrire $\varphi_2 \cdot \dfrac{\varphi_2}{\varphi_1}$ et φ_2 est notablement plus petit que φ_1.

Quand c changera, ce qui entraînera une variation égale de λ, la valeur de λ' changera peu. Si on prend $\lambda = -(\varphi_1 + \epsilon)$ et si l'on appelle λ_1' la nouvelle valeur de λ', il vient :

$$\lambda_1' - \lambda' = \varphi_2^2 \left(\frac{1}{\varphi_1 + \epsilon} - \frac{1}{\varphi_1} \right) = -\epsilon \cdot \frac{\varphi_2^2}{\varphi_1 (\varphi_1 + \epsilon)},$$

quantité qui diffère très peu de $-\epsilon \left(\dfrac{\varphi_2}{\varphi_1} \right)^2$ et qui n'est dès lors qu'une très petite fraction de ϵ. La position du disque oculaire varie donc peu en réalité.

Il importe de remarquer que dans tous les cas λ est positif, que par suite λ' est négatif, le disque oculaire est donc toujours situé après le foyer, soit de l'oculaire simple, soit de l'oculaire composé.

183. *Grossissement dans la lunette astronomique.* — Étudions la question du grossissement dans le cas où la lunette est formée comme nous l'avons indiqué d'un objectif et d'un oculaire.

Appelons i la grandeur de l'image réelle formée, φ_2 la distance focale de l'oculaire, δ la distance de l'œil au foyer f_2'', et d la distance du point où doit se former l'image finale que l'on regarde à l'œil. La formule générale donne pour le diamètre apparent :

$$\theta_i = -\frac{i}{\varphi_2} \cdot \frac{d + \delta}{d}.$$

Le diamètre apparent de l'objet, qui est très éloigné, ne diffère pas sensiblement de celui qu'il y aurait à considérer, si le centre optique de l'œil coïncidait avec le point p_1' de l'objectif. Mais cet angle est égal à celui sous lequel du point p_1'' on voit l'image i qui est dans le plan focal ; on a donc :

$$\theta_0 = \frac{i}{\varphi_1}.$$

Le grossissement étant le rapport des diamètres apparents θ_i et θ_0, on a :

$$g = -\frac{\varphi_1}{\varphi_2} \cdot \frac{d + \delta}{d}.$$

On sait, d'ailleurs, d'après la discussion générale, quelle valeur il convient de donner à d pour une valeur donnée de δ.

Si, en effet, comme on le fait généralement, on place l'œil à l'anneau oculaire, le centre optique se trouve nécessairement en arrière du foyer et on sait qu'il faut relâcher l'accommodation et former l'image au *punctum remotum* ; si ρ est la distance de ce point à l'œil, on a :

$$g = -\frac{\varphi_1}{\varphi_2} \cdot \frac{\rho + \delta}{\rho}.$$

Le grossissement est donc variable avec la vue de l'observateur ; ce n'est donc pas un élément invariable caractérisant la lunette. Mais, si nous convenons d'admettre qu'il s'agisse de la vue que l'on considère comme normale, l'emmétropie, alors il faudra dans ce cas faire $\rho = \infty$ et la valeur du grossissement ne dépend plus que des données qui caractérisent la lunette ; désignons cette valeur sous le nom de puissance de la lunette G, il vient :

$$G = -\frac{\varphi_1}{\varphi_2}.$$

Ce cas, qui correspond à ce qu'on désignait sous le nom d'œil infiniment presbyte, entraîne la condition que la lumière sorte parallèle de la lunette; il correspond donc au cas où le tirage est tel que la lunette soit rendue afocale.

On remarquera que cette valeur de la puissance de la lunette $\frac{\varphi_1}{\varphi_2}$ est égale au rapport $\frac{\Delta_1}{\Omega}$ des rayons ou des diamètres de l'objectif et du disque oculaire dans les mêmes conditions (**182**). La détermination expérimentale de $\frac{\Delta_1}{\Omega}$ donne donc la valeur de la puissance de l'instrument.

Si l'on emploie un oculaire composé, on reconnaît aisément qu'il n'y a rien de changé à la valeur de la puissance; seulement la quantité φ_2 représente la distance focale de l'oculaire composé et non celle des lentilles qui le composent.

184. *Champ de la lunette astronomique.* — Le champ est limité dans la lunette astronomique comme dans tout système composé; on peut aisément calculer sa valeur.

Supposons, d'abord, qu'il y ait un oculaire simple; nous n'avons qu'à appliquer la formule trouvée précédemment (*16*):

$$\operatorname{tg} \cdot \frac{1}{2}\,\xi = \frac{\alpha_1'\,(\Delta_1 - \Delta_2) + e\,\Delta_1}{e\,\alpha_1'}.$$

Dans le cas où la lunette est disposée pour un œil emmétrope sans accommodation, on a $\alpha_1' = -\varphi_1$ et $e = (\varphi_1 + \varphi_2)$. La valeur précédente devient alors (*16'*) :

$$\operatorname{tg}\frac{1}{2}\,\xi = \frac{\varphi_1 \Delta_2 - \varphi_2 \Delta_1}{\varphi_1\,(\varphi_1 + \varphi_2)} = \frac{\dfrac{\Delta_2}{\varphi_1} - \dfrac{\Delta_1}{\varphi_1}}{\dfrac{\varphi_1}{\varphi_2} + 1}.$$

Dans la pratique, afin d'éviter les aberrations trop considérables, on prend un rapport à peu près constant entre l'ouverture d'une lentille et sa distance focale, suivant le rôle qu'elle est appelée à jouer. Posons $\dfrac{\Delta_1}{\varphi_1} = k$, $\dfrac{\Delta_2}{\varphi_2} = k'$.

La formule devient, en remarquant que $\dfrac{\varphi_1}{\varphi_2} = G$,

$$\lg \frac{1}{2} \xi = \frac{k' - k}{G + 1}.$$

Le rapport k' est en général plus grand que le rapport k.

Comme nous 'avous dit (**154**), il convient de placer dans le plan focal f_1'' un diaphragme percé d'une ouverture circulaire ne laissant passer que les faisceaux qui tombent en entier sur l'oculaire ; le rayon de l'ouverture y est donné par la valeur

$$y = \varphi_1 \lg \frac{1}{2} \xi.$$

185. — Examinons maintenant le cas où la lunette comprend un oculaire composé.

Dans le cas de l'oculaire positif, il faut, bien entendu, pour qu'un point soit vu, que le faisceau correspondant rencontre la première lentille et même, pour qu'il soit vu bien clairement, il faut qu'il y tombe tout entier. Nous aurons donc à appliquer la même formule (*16*) en nous occupant de cette lentille.

Nous nous placerons dans le cas de l'œil emmétrope ; il faut alors que l'image réelle se fasse dans le plan focal du système oculaire. Nous aurons donc d'abord $\alpha' = \varphi_1$; s'il s'agit d'un oculaire de Ramsden, le plan focal F' est en avant de cet oculaire, à $\dfrac{3}{8}$ de la distance qui sépare les lentilles, soit à $\dfrac{1}{4}$ de la distance focale de la première lentille (cette distance étant les $\dfrac{3}{2}$ de l'écartement des lentilles). On aura donc alors $e = \varphi_1 + \dfrac{1}{4} \varphi_2$ et il viendra pour la valeur du champ (*16*) :

$$\lg \frac{1}{2} \xi = \frac{\varphi_1 \Delta_2 - \dfrac{1}{4} \cdot \varphi_2 \Delta_1}{\varphi_1 \left(\varphi_1 + \dfrac{1}{4} \varphi_2\right)} = \frac{4 \varphi_1 \Delta_2 - \varphi_2 \Delta_1}{\varphi_1 (4 \varphi_1 + \varphi_2)},$$

que nous pouvons écrire :

$$\lg \frac{1}{2} \xi = \frac{4 \dfrac{\Delta_2}{\varphi_2} - \dfrac{\Delta_1}{\varphi_1}}{4 \dfrac{\varphi_1}{\varphi_2} + 1} = \frac{4 k' - k}{3 G + 1},$$

en employant les mêmes notations que précédemment et remarquant que $G = \dfrac{\varphi_1}{\Phi}$, Φ étant la distance focale de l'oculaire composé; on a, d'ailleurs, $\Phi = \dfrac{3}{4} \varphi_2$.

186. — Cherchons maintenant à déterminer le champ en supposant que l'on emploie l'oculaire négatif d'Huyghens, la lunette étant disposée pour un œil emmétrope sans accommodation. Occupons-nous seulement de la lentille de champ.

Nous savons que, dans ce cas, la valeur du champ est donnée par la formule (15) :

$$\lg \frac{1}{2} \xi = \frac{\Delta_1 (e - x_1') + \Delta_2 x_1'}{e x_1'}.$$

L'image réelle devant coïncider avec le plan focal F' de l'oculaire, on a $\alpha' = \varphi_1$.

D'autre part, le foyer F' étant situé après la lentille de champ à une distance $\dfrac{3}{2} \varphi_2 = \dfrac{1}{2} \varphi_1$, la distance e des deux lentilles que l'on considère est égale à $\left(\varphi_1 - \dfrac{1}{2} \varphi_2 \right)$. En substituant, il vient alors :

$$\lg \frac{1}{2} \xi = \frac{\varphi_1 \Delta_2 - \dfrac{1}{2} \varphi_2 \Delta_1}{\left(\varphi_1 - \dfrac{1}{2} \varphi_2 \right) \varphi_1},$$

que l'on peut écrire :

$$\lg \frac{1}{2} \xi = \frac{2 \dfrac{\Delta_2}{\varphi_2} - \dfrac{\Delta_1}{\varphi_1}}{2 \dfrac{\varphi_2}{\varphi_2} - 1}.$$

Le grossissement G est égal à $\frac{\varphi'}{\Phi}$, Φ étant la distance focale de l'oculaire composé : on sait que dans l'oculaire d'Huyghens, la distance focale du système est la moitié de celle de la première lentille. On a donc :

$$tg \frac{1}{2} \xi = \frac{2\,k' - k}{G - 1}.$$

Les résultats que nous venons d'indiquer ne sont pas complets pour les oculaires composés, puisqu'ils ne tiennent compte que de la première lentille de ceux-ci. Ils ne peuvent être considérés que comme une indication. On peut dire, sous cette restriction, que la conséquence à tirer de cette étude, c'est que, pour une même valeur du grossissement, le champ est le plus petit dans le cas de l'oculaire simple et le plus grand dans le cas de l'oculaire négatif d'Huyghens. Les rapports des champs dans les trois systèmes s'écartent peu de 1, $\frac{4}{3}$ et 2.

187. — Mais, en réalité, il faut se rendre compte de l'effet de la deuxième lentille de l'oculaire. Pour qu'un point soit dans le champ, il faut que le faisceau correspondant rencontre cette deuxième lentille.

Il n'est pas possible de raisonner sur l'oculaire composé par rapport à l'image réelle comme on le ferait s'il s'agissait d'un objet, parce que les divers points de cette image n'envoient sur l'oculaire que des faisceaux limités. Il faut donc faire une étude spéciale de cette question.

Cherchons, au moins comme exercice, à déterminer le champ en tenant compte de l'oculaire composé; nous supposerons que l'on a un oculaire négatif, celui d'Huyghens, par exemple (fig. 142), et que l'appareil est disposé pour un œil emmétrope sans accommodation; le plan focal f_1'' de l'objectif doit donc coïncider avec le plan focal F'' de l'oculaire composé. Nous allons calculer le champ en supposant que l'ouverture de la seconde lentille L_1 est assez grande pour ne pas avoir d'action sur le champ que nous allons déterminer. On comparera ce champ à celui qui correspond à la seconde lentille considérée seule et c'est la plus petite des deux valeurs qui représentera le champ extrême de la lunette.

Désignons par Δ_3 le rayon de la troisième lentille, par φ_3 sa

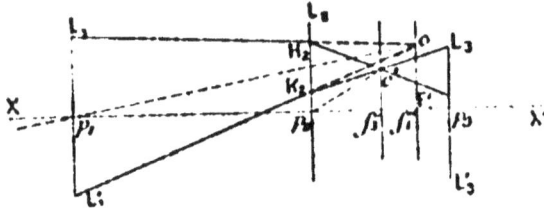

Fig. 142.

distance focale. Nous savons que la distance focale de l'oculaire composé Φ est égale à $\dfrac{3}{2}\varphi_3$, que le foyer F' de cet oculaire composé est à une distance de la troisième lentille égale à $\dfrac{1}{2}\varphi_3$.

Lorsqu'un faisceau tombe sur l'oculaire en convergeant vers un point c de F', il sort parallèle de la troisième lentille ; c'est le cas, puisque l'appareil est disposé pour un œil emmétrope sans accommodation. Le faisceau incident est remplacé dans l'oculaire par un faisceau plus convergent dont il est facile de trouver le sommet c', car celui-ci doit être dans le plan f_3', puisque le faisceau émergent correspondant est parallèle; le sommet c' est donc à égale distance des deux lentilles p_2 et p_3. Ce point doit, d'ailleurs, se trouver sur la droite qui joint le premier sommet c au point p_2: il est donc déterminé. Supposons que le point c de l'image réelle que formerait la première lentille soit la limite du champ : le demi-champ serait alors égal à cp_1a.

Mais, en réalité, le faisceau n'arrive pas en c; il est remplacé par un autre faisceau dont le sommet est en c', déterminé comme nous venons de le dire : les rayons extrêmes L_1H_2c et $L_1'K_2c$ prendront les positions H_2c' et K_2c'. Si le point c' correspond à la limite du champ, le rayon K_2c' devra aller passer par l'extrémité L_3 de la troisième lentille. On voit, en effet, que le faisceau correspondant à c' tombe tout entier sur la lentille L_3L_4' et qu'une partie cesserait d'y tomber si on prenait un point plus éloigné de l'axe. Cette condition permet de calculer la quantité $f_3'c'$ et, par suite, $F'c$, que nous désignerons par η : si ξ_1 est le champ, on aura :

$$\operatorname{tg}\frac{1}{2}\,\xi_1 = \frac{\eta}{\varphi_1}.$$

D'après ce que nous avons rappelé sur les positions de F' et de f_3', les triangles semblables donnent :

$$\eta_1 = \frac{3}{2}f_3'c'.$$

Menons par K_2 et par L_4' les parallèles à l'axe, les triangles semblables donneront :

$$\frac{\Delta_3 - K_2p_2}{f_3'c' - K_2p_2} = 2 \quad \text{et} \quad \frac{\eta + \Delta_1}{\Delta_1 + K_2p_2} = \frac{\varphi_1}{\varphi_1 - \dfrac{3}{2}\varphi_3} = \frac{2\varphi_1}{2\varphi_1 - 3\varphi_3}.$$

Nous pouvons, entre ces équations, éliminer $f_3'c'$ et K_2p_2. Les deux dernières deviennent, en remplaçant $f_3'c'$ par sa valeur :

$$\Delta_3 - K_2p_2 = \frac{4}{3}\,\eta_1 - 2\,K_2p_2$$

$$(2\varphi_1 - 3\varphi_3)(\eta + \Delta_1) = 2\varphi_1(\Delta_1 + K_2p_2).$$

Il vient, tout calcul fait :

$$\eta = \frac{6\varphi_1\Delta_3 - 9\varphi_3\Delta_1}{(9\varphi_3 + 2\varphi_1)},$$

et l'on a alors pour le champ :

$$\operatorname{tg}\frac{1}{2}\,\xi_1 = \frac{6\varphi_1\Delta_3 - 9\varphi_3\Delta_1}{\varphi_1(9\varphi_3 + 2\varphi_1)}.$$

Nous pouvons, comme précédemment, écrire cette équation sous la forme :

$$\operatorname{tg}\frac{1}{2}\,\xi_1 = \frac{6\dfrac{\Delta_3}{\varphi_3} - 9\dfrac{\Delta_1}{\varphi_1}}{2\dfrac{\varphi_1}{\varphi_3} + 9} = \frac{2\dfrac{\Delta_3}{\varphi_3} - 3\dfrac{\Delta_1}{\varphi_1}}{\dfrac{2\varphi_1}{3\varphi_3} + 3}.$$

Introduisons également les rapports $k' = \dfrac{\Delta_3}{\varphi_3}$ et $k = \dfrac{\Delta_1}{\varphi}$ et

le grossissement $G = \dfrac{\varphi_1}{\Phi} = \dfrac{2\varphi_1}{3\varphi_3}$, il vient enfin :

$$\operatorname{tg}\frac{1}{2}\,\xi_1 = \frac{2k' - 3k}{G + 3},$$

valeur un peu moindre que celle que donne la seule considération de la lentille de champ (si l'on admet, bien entendu, que k
et k' conservent les mêmes valeurs).

188. *Axe optique.* — La lunette astronomique ne fournit pas
seulement des images rétiniennes agrandies; elle permet encore,
et ce n'est pas là le moindre avantage qu'elle possède, de déterminer une direction : elle partage, d'ailleurs, cette propriété avec
tous les appareils qui fournissent des images réelles.

On place dans le plan focal de l'objectif, dans le plan où se
fait l'image réelle de l'objet un diaphragme percé d'une ouverture circulaire; le diamètre de cette ouverture a été déterminé,
comme nous l'avons indiqué (**184**), de manière à limiter le champ
et à ne laisser arriver sur l'oculaire que des faisceaux qui le rencontrent en totalité, afin d'éviter les différences d'éclairement.

Dans l'ouverture de ce diaphragme on place un *réticule* qui,
sous sa forme la plus simple, est constitué par deux fils très fins
placés rectangulairement, leur point de rencontre ou point de
croisée étant au centre de l'ouverture, ou à peu près au moins. La
ligne qui joint le point de croisée des fils du réticule au centre
optique de l'objectif (si l'on peut considérer celui-ci comme infiniment mince) est ce que l'on appelle *l'axe optique* de la lunette.
Cette droite est fixe dans la lunette et se déplace avec elle.

Lorsqu'un point lumineux aura son image à la croisée des fils
du réticule, il sera nécessairement sur l'axe optique, puisque
celui-ci est l'axe principal ou au moins un axe secondaire, et
qu'un point et son image sont toujours sur un même axe, principal ou secondaire. La direction dans laquelle est le point se
trouvera donc ainsi déterminée absolument par la position qu'il

faut donner à la lunette pour que l'image du point se fasse à la croisée du réticule.

Il est commode que l'axe optique coïncide avec l'axe du système centré, c'est-à-dire avec la ligne des centres des lentilles, et avec l'axe géométrique de la monture de la lunette; mais cette condition n'est pas nécessaire pour que la propriété que nous venons d'indiquer existe.

Si l'on veut tenir compte de l'épaisseur de la lentille, on voit immédiatement que, lorsqu'un point a son image à la croisée du réticule, ce point se trouve nécessairement sur la droite menée par le point nodal p' parallèlement à la droite qui joint le point nodal p'' à la croisée du réticule. On sait, en effet, qu'un point et son image sont toujours sur deux droites de direction (72) parallèles. Ces droites sont fixes, d'ailleurs, dans la lunette; elles servent donc à déterminer la position d'un point, comme nous venons de le dire pour l'axe optique.

189. *Lunette de Galilée.* — Deux dispositions sont généralement employées pour obtenir la vision droite avec une lunette : dans un cas, on emploie deux lentilles seulement, dont une est nécessairement divergente; dans l'autre, on emploie au moins trois lentilles convergentes.

Occupons-nous du premier cas : la lunette correspondante est connue sous le nom de *lunette de Galilée.*

Nous supposons toujours que l'objet est à une distance très grande.

La lunette de Galilée (fig. 143 à 145) est formée par un objectif convergent qui donnerait de l'objectif une image réelle et renversée dans son plan focal f_1''; mais avant la formation de cette image on intercale une lentille divergente, qui modifie la forme du faisceau à l'émergence, le rendant, suivant la nature de l'œil de l'observateur, parallèle, divergent ou, exceptionnellement, convergent.

Il faut donc évidemment que la puissance de la lentille divergente soit supérieure à celle de l'objectif.

Étudions les diverses circonstances qui peuvent se présenter.

L'œil est disposé pour voir à l'infini, c'est par exemple un œil emmétrope sans accommodation : le faisceau émergent doit être parallèle. Par suite, la lunette doit être afocale, le plan focal f_2' doit coïncider avec le plan focal f_1' (fig. 143).

Dans ce cas, un point B de l'objet envoyant un faisceau

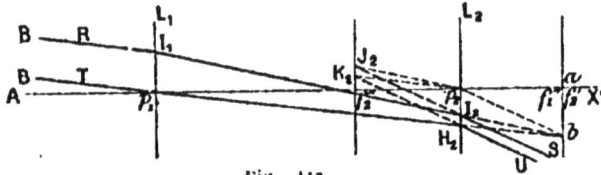

Fig. 143.

parallèle RI_1Tp_1, celui-ci est transformé après la lunette en un faisceau parallèle I_2SH_2U et l'œil voit l'image de B dans cette direction. On reconnaîtrait aisément que les angles θ_i et θ_e que fait le faisceau considéré avec l'axe à l'incidence et à l'émergence ont respectivement pour valeur :

$$\theta_i = -\frac{ab}{\varphi_1} \qquad \text{et} \qquad \theta_e = \frac{ab}{\varphi_2},$$

de telle sorte que si l'on appelle g le grossissement, on a :

$$g = \frac{\theta_e}{\theta_i} = -\frac{\varphi_1}{\varphi_2}.$$

Les valeurs de φ_1 et de φ_2 étant de signes contraires, g est positif, ce qui correspond à ce que les directions des faisceaux ont le même sens.

Si l'œil est disposé pour voir à une distance finie et déterminée en avant (œil myope non accommodé, œil quelconque avec accommodation), le système devra donner une image virtuelle A'B' (fig. 144) en avant de l'observateur et cette image qui est au deuxième foyer du système (image d'un objet à l'infini) doit être précisément à la distance à laquelle l'œil regarde.

Il faudra donc rapprocher les deux lentilles, et d'autant plus que la distance pour laquelle l'œil est accommodé est plus petite. C'est ce qui résulte de la discussion générale des combinaisons de lentilles (**99**); mais cela peut aussi se reconnaître directement. Lorsque l'image ab est dans le plan focal f_1', l'image A'B' qu'en donne la lentille L_2 est à l'infini; l'image et l'objet se déplaçant toujours dans le même sens, ab et, par suite, le plan focal f_1'' et la lentille devront se déplacer d'autant plus à droite

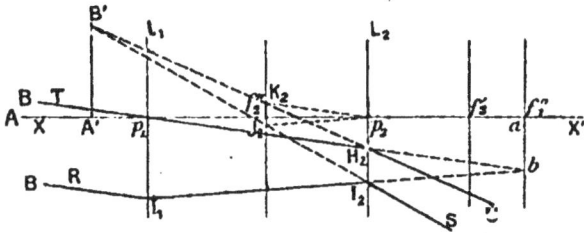

Fig. 114.

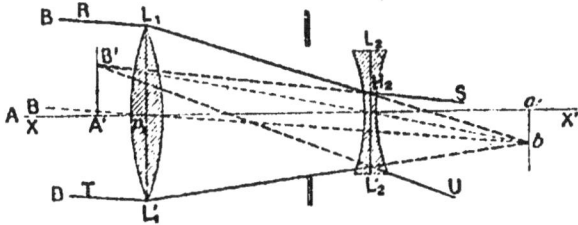

Fig. 115.

que l'image A'B' devra être plus rapprochée, c'est-à-dire se déplacera elle-même plus vers la droite.

Si, au contraire, l'œil est hypermétrope et disposé pour voir nettement en recevant des faisceaux convergents, le foyer F'' devra être derrière l'œil. Les lentilles devront être moins écartées que pour le cas du système afocal et d'autant moins que le point F'' devra être plus rapproché de l'œil.

190. — On n'emploie pas, à proprement parler, d'objectifs ni d'oculaires composés dans ces lunettes. Les lentilles ne sont pas toujours simples, mais elles sont constituées seulement de manière à diminuer l'aberration de réfrangibilité et peuvent être regardées comme des lentilles simples, très sensiblement au moins.

La lunette de Galilée ne donnant pas d'image réelle, il ne peut y avoir ni réticule ni axe optique comme dans la lunette astronomique.

On ne peut non plus employer de diaphragme qui arrête les faisceaux qui ne tomberaient pas en entier sur l'oculaire, ainsi que le montre la figure 145, parce que les faisceaux ne se croisent pas avant l'oculaire.

On place cependant des diaphragmes dans les lunettes de Galilée : ces diaphragmes, dont l'ouverture est limitée par les droites L_1L_2, $L_1'L_2'$, n'arrêtent aucun des rayons qui tombent sur l'oculaire, mais interceptent les rayons qui arriveraient sur cette lentille à la suite de réflexion ou de diffusion sur les parois de la monture.

Les *lorgnettes de spectacle* ou *jumelles* sont constituées par deux lunettes de Galilée placées parallèlement et montées solidairement, de telle sorte que le tirage s'effectue simultanément pour les deux branches.

Nous n'avons pas à insister sur les conditions à réaliser pour le montage de ces lunettes ; la question se rattache à l'étude de la vision binoculaire.

191. *Grossissement dans la lunette de Galilée.* — La question du grossissement se traite comme dans le cas de la lunette astronomique.

Appelons i la grandeur de l'image réelle que formerait l'objectif à la distance φ_1 de son plan principal. Soit encore φ_2 la distance focale de l'oculaire (positive dans ce cas), δ la distance de l'œil au foyer f_2'' de l'oculaire, soit enfin d la distance à laquelle doit être virtuellement l'image que regarde l'œil. On a alors (**151**) :

$$\theta_i = \frac{i}{\varphi_2} \cdot \frac{d+\delta}{d}.$$

Le diamètre apparent de l'objet vu directement est le même que celui de l'image i vu du deuxième point nodal de l'objectif, ou du centre optique p_1 si on néglige l'épaisseur de la lentille. On a donc :

$$\theta_o = -\frac{i}{\varphi_1},$$

et, par suite, le grossissement est :

$$g = - \frac{\theta_i}{\theta_0} = - \frac{\varphi_1}{\varphi_2} \frac{d + \delta}{d} = - \frac{\varphi_1}{\varphi_2}\left(1 + \frac{\delta}{d}\right).$$

Ici δ est nécessairement négatif, puisque f_2'' est avant la lentille. Nous savons alors que, sauf des cas exceptionnels (hypermétropie très accusée), il faut que l'œil soit sans accommodation pour obtenir le maximum d'effet. Si ρ est la distance du *punctum remotum*, on a :

$$G = - \frac{\varphi_1}{\varphi_2}\left(1 + \frac{\delta}{\rho}\right).$$

Si l'œil est disposé pour regarder à l'infini, on a (**104**) :

$$g = - \frac{\varphi_1}{\varphi_2},$$

qui peut être considéré comme caractérisant la lunette : c'est la valeur que l'on écrit directement en remarquant que, dans ce cas, le système est afocal.

Si l'on compare une lunette astronomique et une lunette de Galilée ayant même objectif et même puissance, on voit que la valeur de φ_2 doit être la même au signe près. Mais comme dans tous les cas, l'écartement e des lentilles dans un système afocal est donnée par la relation :

$$e = \varphi_1 + \varphi_2,$$

on voit que la lunette de Galilée, pour laquelle φ_2 est de signe contraire à φ_1, sera plus courte que la lunette astronomique.

192. *Champ dans la lunette de Galilée.* — Les formules générales que nous avons données permettent de déterminer immédiatement le champ de la lunette de Galilée. Dans ce cas, l'image donnée par l'objectif est réelle et se forme après la deuxième lentille, et l'on a immédiatement (*15*) :

$$\text{tg}\, \frac{1}{2}\, \xi = \frac{\Delta_1 (e - x_1') + \Delta_2 x_1'}{e x_1'},$$

ou, en considérant seulement le cas où la lunette forme un système afocal :

$$x_1' = \varphi_1 \qquad \text{et} \qquad e = (\varphi_1 + \varphi_2).$$

Il vient donc (*15'*) :

$$\operatorname{tg} \frac{1}{2} \xi = \frac{\varphi_2 \Delta_1 + \varphi_1 \Delta_2}{(\varphi_1 + \varphi_2) \varphi_1},$$

que l'on peut écrire :

$$\operatorname{tg} \frac{1}{2} \xi = \frac{\dfrac{\Delta_1}{\varphi_1} + \dfrac{\Delta_2}{\varphi_2}}{1 + \dfrac{\varphi_1}{\varphi_2}}.$$

Le grossissement G est encore égal à $\dfrac{\varphi_1}{\varphi_2}$; mais la quantité φ_1 est négative et φ_2 est positif; si on admet que $\dfrac{\Delta_1}{\varphi_1}$ et $\dfrac{\Delta_2}{\varphi_2}$ conserve les mêmes valeurs k et k' que dans la lunette astronomique, on a :

$$\operatorname{tg} \frac{1}{2} \xi = \frac{k' - k}{G - 1},$$

valeur plus grande que celle trouvée pour la lunette astronomique à égalité de grossissement.

193. *Lunette terrestre.* — Cette lunette, destinée comme celle de Galilée à donner des images de même sens que l'objet, présente une disposition différente : elle est, en effet, composée de trois lentilles convergentes, au moins. On peut la considérer comme une lunette astronomique entre l'objectif et l'oculaire de

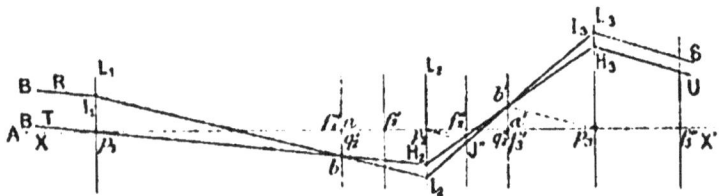

Fig. 146.

laquelle on aurait interposé une lentille convergente en écartant convenablement les deux autres verres.

Cette lentille intermédiaire L_2 (fig. 146), est placée après l'image réelle *ab* fournie par l'objectif et de manière à donner une image réelle de cette première image réelle; la deuxième image, étant renversée par rapport à la première, est droite par rapport à l'objet. L'oculaire L_3 est placé à la suite de cette deuxième image réelle, dans les mêmes conditions où il se trouve par rapport à l'image réelle de la lunette astronomique, c'est-à-dire qu'il fait fonction de loupe.

Il suit de là que l'allongement qu'il faut faire subir à une lunette astronomique pour la transformer en lunette terrestre est égal à la distance qui sépare la deuxième image réelle de la première. On conçoit qu'il y a avantage, par conséquent, à réduire autant que possible cette distance.

Il est facile de reconnaître que la distance entre un objet et l'image réelle qu'en fournit une lentille convergente est minima lorsque l'objet étant dans le premier plan antiprincipal, l'image est dans le deuxième plan antiprincipal, c'est-à-dire que cette distance est égale à quatre fois la distance focale (si l'on néglige l'épaisseur de la lentille) (*).

En conservant les notations ordinaires, cette distance est, en effet, $\lambda - 2\varphi - \lambda'$; comme il existe entre λ et λ' la relation

$$\lambda\lambda' = -\varphi_2,$$

cette distance peut s'écrire $\lambda + \dfrac{\varphi_2}{\lambda} - 2\varphi$ et ses variations dépendent seulement de $\lambda + \dfrac{\varphi_2}{\lambda}$. Or, le produit $\lambda . \dfrac{\varphi_2}{\lambda}$ étant constant, la somme est minima lorsque les deux termes sont égaux, c'est-à-dire lorsque l'on a :

$$\lambda = \frac{\varphi_2}{\lambda} \qquad \text{ou} \qquad \lambda = \pm \varphi.$$

La valeur $\lambda = +\varphi$ correspond au cas où l'objet est dans le plan principal ; l'image y est également, la distance est nulle, mais l'image est droite ; ce cas ne peut nous convenir.

La valeur $\lambda = -\varphi$ donne $\lambda' = \varphi$; l'objet et l'image sont

---

(*) Si l'on voulait tenir compte de cette épaisseur, il faudrait ajouter la distance qui sépare les deux plans principaux de la lentille.

respectivement dans le premier et dans le deuxième plan anti-principal ; l'image est renversée; c'est ce cas qu'il convient de réaliser.

Dans ce cas, comme nous l'avons dit, la distance de l'image à l'objet est égale à $- 4\varphi$, soit quatre fois la distance focale (on a ici $\varphi < 0$).

Lors donc que l'objet est assez éloigné pour que l'on puisse admettre que l'image qu'en donne l'objectif est sensiblement dans le plan focal, celui-ci doit coïncider avec le premier plan antiprincipal de la lentille intermédiaire L_4.

194. — L'oculaire occupe nécessairement une position variable suivant la vue de l'observateur, absolument comme dans la lunette astronomique. Si l'on veut considérer le cas d'un œil regardant à l'infini (œil emmétrope non accommodé), il faudra que 'image réelle que l'on regarde avec l'oculaire soit dans le plan focal f_3' de cette lentille ; ce plan focal devra donc coïncider avec le deuxième plan antiprincipal ρ_2 de la lentille intermédiaire L_4 (fig. 146).

La lunette terrestre constitue dans ce cas un système afocal, dans lequel les faisceaux ne subissent pas finalement de renversement, dans lequel les images sont droites.

Il est évident que les indications générales que nous avons fournies sur la lunette astronomique sont applicables à ce cas, puisque l'image réelle que l'on regarde avec l'oculaire est identique, au sens près, à celle que l'on regarderait dans une lunette astronomique dont l'objectif aurait la même puissance.

Si donc, l'œil de l'observateur est disposé pour regarder à une distance finie, il faudra que l'oculaire donne à cette distance en A'B' (fig. 147) une image virtuelle de la dernière image réelle formée $a'b'$. Il faudra donc que cette image se fasse entre l'oculaire et son plan focal f_3'; cette image devra donc s'avancer vers la droite comparativement à ce qu'elle était dans le système afocal; la première image réelle ab, dont $a'b'$ est conjuguée, devra aussi se déplacer vers la droite; comme ab est dans le plan focal f_1'' il faudra que la lentille L_1 se rapproche de l'oculaire. Le résultat est donc le même que pour la lunette astronomique ; le tirage devra être diminué.

De plus, l'image A'B' et a'b' se déplaçant dans le même sens,

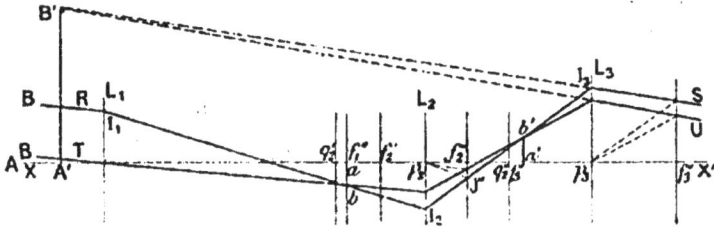

Fig. 147.

on voit que les lentilles devront être d'autant plus rapprochées que la distance à laquelle devra se faire l'image A'B' sera plus petite.

195. *Oculaire terrestre.* — En général, dans les lunettes terrestres, le redressement de l'image réelle n'est pas obtenu par une lentille, mais par un système de deux lentilles convergentes L_2 et L_3 (fig. 148).

L'image réelle ab fournie par l'objectif L_1 est dans le plan

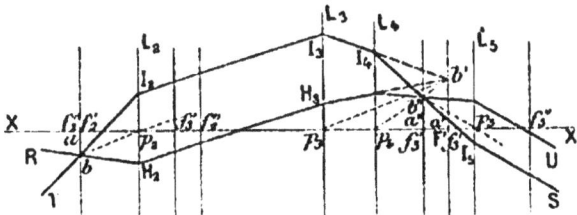

Fig. 148.

focal f_2' de la deuxième lentille ; les faisceaux qui en émanent sont rendus parallèles après la lentille L_2 ; par exemple, le faisceau bI_2II_2 émané du point b devient $I_2I_3II_2II_3$ parallèle à bp_2 ; ce faisceau après la lentille L_3 redevient convergent en I_3II_3b' ; on a donc en $a'b'$ une image réelle de l'objet, renversée par rapport à ab, droite, par conséquent, par rapport à l'objet.

Cette disposition produit donc le même effet que la lentille unique que nous avions supposé d'abord; mais pour une même distance de ab à $a'b'$ on peut obtenir une moindre aberration.

Le plus souvent, l'oculaire n'est pas simple, c'est un oculaire composé, un oculaire négatif en général; c'est-à-dire que, après le système L_2L_3 dont nous venons de parler, se trouvent deux autres lentilles L_4 et L_5 constituant l'oculaire d'Huyghens, par exemple (**108**). Ces lentilles sont placées de telle sorte que la position de $a'b'$ est entre L_4 et L_5; il se fait alors une nouvelle image réelle $a''b''$, la lentille L_4 agissant comme une lentille de champ.

Si l'œil de l'observateur est disposé pour regarder à l'infini, les faisceaux doivent sortir parallèles, l'image $a'b'$ doit se faire dans le plan focal F' du système composé L_4L_5, c'est-à-dire aux trois quarts de la distance p_4p_5 s'il s'agit de l'oculaire d'Huyghens; c'est à cette distance que doit correspondre le plan focal f_5'. Dans ces conditions, le faisceau devant sortir parallèle, l'image $a''b''$ se fait nécessairement dans le plan f_5'.

Les quatre lentilles $L_2L_3L_4L_5$ sont montées ensemble et simultanément s'approchent ou s'éloignent de l'objectif L_1 pour faire

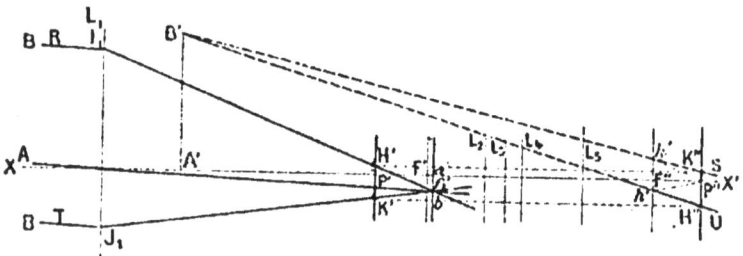

Fig. 140.

varier le tirage. A cause de cette disposition, l'ensemble de ces quatre lentilles est souvent désigné sous le nom d'*oculaire terrestre*.

On peut chercher par les constructions ordinaires les plans cardinaux d'un système composé de quatre lentilles $L_2L_3L_4L_5$, disposées comme nous venons de l'indiquer. On trouve alors les plans F'F'', P'P'' (fig. 140); le système de ces lentilles est donc un système inverse, par l'ordre des plans F″P″. A ce point de vue, on se rend compte qu'il joue, pour le sens des images le même rôle que l'oculaire simple divergent de Galilée qui est également inverse. En employant ces plans cardinaux, il est d'ailleurs facile de trouver directement l'image A′B′ de l'image réelle *ab* fournie par l'objectif.

On voit immédiatement que la lunette terrestre est plus longue que la lunette de Galilée de même puissance de la quantité P′P″, car dans l'oculaire divergent de Galilée les plans PP″ sont en coïncidence (si on néglige l'épaisseur de la lentille); on sait d'ailleurs que la position relative des plans P′ et P″ n'influe en rien sur la puissance d'un système.

RESUMÉ DES NOTATIONS EMPLOYÉES

Dans le but de permettre de suivre plus facilement les constructions et les discussions, des notations uniformes ont été employées dans les divers chapitres; nous allons indiquer les plus fréquentes.

Un point situé sur l'axe est caractérisé par une lettre qui, à l'occasion, représente également :

1º Le plan mené par ce point perpendiculairement à l'axe;

2º L'abscisse de ce point à partir d'une origine arbitraire, c'est-à-dire la distance de ce point à un point fixe déterminé d'une manière quelconque et affectée d'un signe convenable.

Pour toutes les valeurs affectées d'un signe, le signe $+$ correspond au côté d'où vient la lumière (c'est-à-dire la gauche dans nos figures); le signe $-$ correspond alors au côté où va la lumière.

La lettre c représente toujours le centre d'une surface sphérique; la lettre p, son pôle, point où elle est rencontrée par l'axe. Les foyers sont indiqués par F' et F'', les plans principaux par P' et P'', les plans antiprincipaux par Q', Q', les points nodaux par N' et N'', les points antinodaux par M' et M''.

Dans le cas où il existe plusieurs surfaces ou plusieurs systèmes placés à la suite, ces lettres sont différenciées par un indice qui correspond au rang du système correspondant. Si l'ensemble de ces surfaces ou systèmes est à considérer comme un système nouveau, les lettres qui en représentent les points intéressants sont des majuscules, les lettres correspondant à chacun des systèmes composants étant alors des minuscules.

Les abscisses prises à partir d'un point particulier d'un système optique sont représentées par des lettres grecques ou gothiques.

Ainsi a représente l'abscisse du point a à partir d'une origine quelconque ; x son abscisse à partir du pôle ou du plan principal ; λ son abscisse à partir du foyer.

D'une manière générale, nous avons employé :

Φ pour l'abscisse d'un foyer par rapport au plan principal correspondant ;

$\mathfrak{F}$ pour l'abscisse du foyer principal d'un système composé, par rapport au plan principal d'un des systèmes composants.

Ψ pour l'abscisse du plan principal d'un système composé, par rapport au plan principal d'un des systèmes composants.

Les plans et points cardinaux sont caractérisés par des lettres affectées d'un accent ′ ou de deux ″ suivant qu'ils appartiennent au premier ou au second groupe (**32, 55**).

Dans les questions où l'œil intervient, ϖ représente la distance du *punctum proximum*, ρ celle du *punctum remotum ;* δ est l'abscisse du centre optique de l'œil par rapport au foyer de l'appareil considéré, et d l'abscisse de l'image regardée par l'observateur par rapport à ce centre optique.

Si l'on considère un objet, représenté par une petite droite perpendiculaire à l'axe où elle se termine d'une part, et son image, les lettres O et I représentent les ordonnées des extrémités de l'objet et de l'image, c'est-à-dire les distances de ces extrémités à l'axe, ces distances étant affectées du signe $+$ quand elles sont au-dessus de l'axe et du signe $-$ quand elles sont au-dessous de cette droite.

TABLEAU RÉCAPITULATIF

DES FORMULES GÉNÉRALES

---

(1) $$\frac{v_1}{\alpha'} - \frac{v_2}{\alpha} = \frac{v_1 - v_2}{\gamma}.$$ (2)

(2) $$\varphi' = \frac{v_1}{v_1 - v_2}\,\gamma = \frac{k}{k-1}\,\gamma.$$ (10)

(3) $$\varphi' = -\frac{v_2}{v_1 - v_2}\,\gamma = -\frac{1}{k-1}\,\gamma.$$ (14)

(4) $$\lambda\lambda' = \varphi'\varphi'.$$ (25, 46, 63)

(4') $$\frac{I}{0} = -\frac{\varphi'}{\lambda} = -\frac{\lambda'}{\varphi'}.$$ (26)

(5) $$\frac{\varphi'}{\alpha} + \frac{\varphi'}{\alpha'} = 1.$$ (26, 46, 63)

(5') $$\frac{I}{0} = \frac{\varphi'}{\varphi' - \alpha} = \frac{\varphi' - \alpha}{\varphi'}.$$ (26)

(6) $$\mathcal{F}' = \frac{\varphi_1'(\varepsilon + \varphi_1')}{\varepsilon}, \qquad \mathcal{F}' = \frac{\varphi_2'(\varepsilon - \varphi_2')}{\varepsilon}.$$ (45)

(6') $$\mathcal{F}' = \frac{\varphi_1'(\varepsilon + \varphi_2')}{\varepsilon - \varphi_1' + \varphi_2'}, \qquad \mathcal{F}' = \frac{\varphi_2'(\varepsilon - \varphi_1')}{\varepsilon - \varphi_1' + \varphi_2'}.$$ (88)

(7) $$\Psi' = \frac{\varphi_1'(\varepsilon + \varphi_1' - \varphi_2')}{\varepsilon}, \qquad \frac{\varphi_2'(\varepsilon + \varphi_1' - \varphi_2')}{\varepsilon}.$$ (45)

$$(7') \qquad \Psi' = \frac{e\gamma_1'}{e - \rho_1' + \rho_2'}, \qquad \Psi'' = \frac{e\gamma_2'}{e - \rho_1' + \rho_2'}. \qquad (88)$$

$$(8) \qquad \Phi' = \frac{\rho_1'\rho_2'}{\epsilon}, \qquad \Phi'' = -\frac{\rho_1'\rho_2'}{\epsilon}. \qquad (45)$$

$$(8') \qquad \Phi' = \frac{\rho_1'\rho_2'}{e - \rho_1' + \rho_2'}, \qquad \Phi'' = -\frac{\rho_1'\rho_2'}{e - \rho_1' + \rho_2'}. \qquad (88)$$

$$(9) \qquad \frac{1}{0} = \frac{\rho}{\lambda} = -\frac{\lambda'}{\varphi}, \quad \lambda\lambda' = -\varphi^2. \qquad (92)$$

$$(10) \qquad \frac{1}{0} = \frac{\rho}{\alpha + \rho} = -\frac{\alpha' - \rho}{\varphi}, \quad \frac{1}{\alpha'} - \frac{1}{\alpha} = \frac{1}{\rho}. \qquad (92)$$

$$(11) \qquad \mathfrak{F}' = \frac{-\rho_1(e - \rho_2)}{e - \rho_1 - \rho_2}, \qquad \mathfrak{F}'' = \frac{\rho_2(e - \rho_1)}{e - \rho_1 - \rho_2}. \qquad (96)$$

$$(12) \qquad \Psi' = \frac{-\rho_1 e}{e - \rho_1 - \rho_2}, \qquad \Psi'' = \frac{\rho_2 e}{e - \rho_1 - \rho_2}. \qquad (96)$$

$$(13) \qquad \Phi = \mathfrak{F}' - \Psi'' = \frac{-\rho_1\rho_2}{e - \rho_1 - \rho_2}. \qquad (96)$$

$$(14) \qquad \theta_i = -\frac{0}{\varphi}\left(1 + \frac{\delta}{d}\right), \quad s = -\frac{1}{\varphi}\left(1 + \frac{\delta}{d}\right). \qquad (151)$$

$$(15) \qquad \lg\frac{1}{2}\xi = \frac{\Delta_1(e - \alpha_1') + \Delta_2\alpha_1'}{e\alpha_1'}. \qquad (155)$$

$$(15') \qquad \lg\frac{1}{2}\xi = \frac{\Delta_2\rho_1 + \Delta_1\rho_2}{\rho_1(\rho_1 + \rho_2)}. \qquad (155)$$

$$(16) \qquad \lg\frac{1}{2}\xi = \frac{\Delta_1(\alpha_1' - e) + \Delta_2\alpha_1'}{e\alpha_1'}. \qquad (155)$$

$$(16') \qquad \lg\frac{1}{2}\xi = \frac{\Delta_2\rho_1 - \Delta_1\rho_2}{\rho_1(\rho_1 + \rho_2)}. \qquad (155)$$

FORMULES SPÉCIALES AU CHAPITRE IV

$(I)\ y-t(p-a)=t\ \dfrac{v_2(p-c)+(v_1-v_2)(p-a)}{v_1\ (p-c)}\ (x-p).\ \textbf{(113)}$

$(II)\ a-p=\dfrac{v_2\ (p-c)+(v_1-v_2)\ (p-a)}{v_1\ (p-c)}\ (a'-p).\ \textbf{(113)}$

$(II')\qquad \dfrac{v_1}{a'-p}-\dfrac{v_2}{a-p}=\dfrac{v_1-v_2}{c-p}.\qquad \textbf{(114)}$

$(III)\qquad y+tz=t\ \dfrac{v_2\gamma+(v_1-v_2)\,z}{v_1\gamma}\ (x-p).\qquad \textbf{(114)}$

$(IV)\qquad y=t\ \dfrac{z-\varphi'}{\varphi''}\left(x-p-\dfrac{z\varphi''}{z-\varphi'}\right).\qquad \textbf{(118)}$

$(IV')\qquad y=t\ \dfrac{z-\varphi'}{\varphi''}\,x-t\left[z+\dfrac{p\,(z-\varphi')}{\varphi''}\right].\qquad \textbf{(118)}$

$(V)\qquad a-p_1=\dfrac{(\tau-p_1)\,\varphi_1'}{\tau-p_1-\varphi_1''}.\qquad \textbf{(121)}$

$(V')\qquad a'-p_2=\dfrac{(\tau-p_2)\,\varphi_2''}{\tau-p_2-\varphi_2'}.\qquad \textbf{(121)}$

$(VI)\qquad F''-p_2=\dfrac{(p_2-p_1-\varphi_1'')\,\varphi_2''}{p_2-p_1-\varphi_1''+\varphi_2'}.\qquad \textbf{(122)}$

$(VI')\qquad F'-p_1=\dfrac{(p_2-p_1+\varphi_2')\,\varphi_1'}{p_2-p_1-\varphi_1''+\varphi_2'}.\qquad \textbf{(122)}$

$$(VII) \quad y - t\,(P' - a) = \frac{t\,[a - P' - \Phi']}{\Phi''}\,(x - P''). \quad \textbf{(125)}$$

$$(VIII) \quad - (P' - a) = \frac{a - P' - \Phi'}{\Phi''}\,(a' - P''). \quad \textbf{(125)}$$

$$(IX) \quad a - p_1' = \frac{(\tau - p_1'')\,\tau_1'}{\tau - p_1'' - \tau_1''}, \; a' - p_2'' = \frac{(\tau - p_2')\,\tau_1''}{\tau - p_2' - \tau_1'}. \quad \textbf{(126)}$$

———————

TABLE DES MATIÈRES

CHAPITRE II

ÉTUDE GÉOMÉTRIQUE DES SYSTÈMES CENTRÉS

§ I. — Propriétés générales.

§ II. — Classification des systèmes centrés. Discussion.

§ III. — Points cardinaux dans les systèmes centrés.

CHAPITRE III

ÉTUDE GÉOMÉTRIQUE DES LENTILLES

§ I. — Propriétés des lentilles.

§ II. — Systèmes formés par la réunion de deux lentilles.

CHAPITRE IV

ÉTUDE DES DIOPTRES ET DES SYSTÈMES CENTRÉS PAR LA GÉOMÉTRIE

ANALYTIQUE

CHAPITRE V

INSTRUMENTS D'OPTIQUE

§ I. — Considérations générales.

§ II. — Étude des principaux instruments d'optique.

Librairie NONY et Cie, 17, rue des Écoles, à Paris.

ANNALES DU BACCALAURÉAT DE L'ENSEIGNEMENT SECONDAIRE SPÉCIAL. — In-18, avec figures dans le texte. L'année 1887 . . . . 0 fr. 60

ANNALES DU BACCALAURÉAT ÈS SCIENCES. — In-18, avec figures dans le texte. Chaque année, à partir de 1885 (inclusivement) . . . . 1 fr. 50

ANNALES DE LA LICENCE ÈS SCIENCES (Mathématiques, physiques, naturell.). — Sujets donnés aux trois licences dans toutes les Facultés.
Session de juillet 1888 . . . . 1 fr. 50
Session de novembre 1888 *(Sous presse)* . . . . 1 fr. 50

ANNALES DE L'AGRÉGATION DES SCIENCES MATHÉMATIQUES.
(Programme publié à l'avance. — Composition du jury. — Epreuves préparatoires. — Sujets de leçons, pour chaque candidat. — Epreuves définitives. — Agrégés nommés.)
Années 1876 à 1888 . . . . 6 fr. 50
Chaque année, prise séparément . . . . 0 fr. 75

ANNALES DE L'AGRÉGATION DES SCIENCES PHYSIQUES ET NATURELLES. *(En préparation.)*

ANNALES DE L'AGRÉGATION DE L'ENSEIGNEMENT SECONDAIRE SPÉCIAL (sections scientifiques). *(En préparation.)*

BOURSES DE LICENCE (Sujets donnés aux concours pour l'obtention des)
Licence ès sciences mathématiques, de 1880 à 1888 . . . . 2 fr. »
Id.   physiques, de 1880 à 1888 . . . . 2 fr. »
Id.   naturelles, de 1880 à 1888 . . . . 2 fr. »

INSTRUCTIONS SUR L'EXÉCUTION DES ÉPURES ET SUR LE LAVIS. 3e édition. In-18, avec 28 figures dans le texte . . . . 1 fr. »

JAMET (V.), docteur ès sciences mathématiques, professeur au lycée de Nantes. — Essai d'une nouvelle Théorie élémentaire des logarithmes (1888). In-8°. 0 fr. 60

JOURNAL DE MATHÉMATIQUES ÉLÉMENTAIRES *(13e année)*, publié par **H. VUIBERT.** — In-4°, avec figures et épures dans le texte.
Prix de l'abonnement annuel (partant du 1er octobre) : France, 5 fr. Etranger, 6 fr.

PIALAT (R.), ingénieur civil, ancien élève de l'École des Mines de Saint-Etienne. — Caractères des sols métalliques. 2e édition. In-18 . . . . 2 fr. 50
L'auteur étudie les *bases* et les *acides minéraux* au point de vue des *généralités, des caractères par voie humide* et des *caractères par voie sèche.* Son livre est pour les étudiants des Facultés un excellent guide de manipulations.
Des tableaux qui terminent l'ouvrage résument une *Méthode à suivre pour déterminer la base et l'acide d'un sel métallique soluble dans l'eau.*

RÉMOND (A.), ancien élève de l'École Polytechnique, professeur de mathématiques spéciales à l'École préparatoire de Sainte-Barbe. — Résumé de Géométrie analytique A DEUX ET A TROIS DIMENSIONS. 2e édition. In-8°, avec figures dans le texte . . . . 4 fr. »

RIVIÈRE (Ch.), ancien élève de l'École Normale, docteur ès sciences physiques, professeur au Lycée Saint-Louis. — Problèmes de physique et de chimie A L'USAGE DES ÉLÈVES DE MATHÉMATIQUES SPÉCIALES. In-8°. *(Sous presse.)*

TARTINVILLE (A.), ancien élève de l'École Normale supérieure, agrégé des sciences mathématiques, professeur au Lycée Saint-Louis. — Théorie des équations et des inéquations du premier et du second degré à une inconnue. Grand in-8°. 3 fr. 50

IMPRIMERIE CENTRALE DES CHEMINS DE FER. — IMPRIMERIE CHAIX.
RUE BERGÈRE, 20, PARIS. — 18592-9-8.

.